中国梦·美丽乡村建设

环境

治理

主审◎骆世明

主编◎杨　岳

U0263798

SPM 南方出版传媒

广东科技出版社 | 全国优秀出版社

·广　州·

图书在版编目（CIP）数据

环境治理 / 杨岳主编. —广州：广东科技出版社，2016.8（2022.3 重印）
（中国梦·美丽乡村建设）
ISBN 978-7-5359-6554-7

Ⅰ．①环… Ⅱ．①杨… Ⅲ．①农业环境保护—中国
Ⅳ．① X322.2

中国版本图书馆 CIP 数据核字（2016）第 167143 号

中国梦·美丽乡村建设　环境治理
Zhongguomeng·Meili Xiangcun Jianshe Huanjing Zhili

责任编辑：区燕宜
封面设计：柳国雄
责任校对：罗美玲
责任印制：彭海波
出版发行：广东科技出版社
　　　　　（广州市环市东路水荫路 11 号　邮政编码：510075）
销售热线：020-37607413
http://www.gdstp.com.cn
E-mail：gdkjbw@nfcb.com.cn
经　　销：广东新华发行集团股份有限公司
印　　刷：广州市彩源印刷有限公司
　　　　　（广州市黄埔区百合三路8号　邮政编码：510700）
规　　格：787mm×1 092mm　1/16　印张8　字数160 千
版　　次：2016 年 8 月第 1 版
　　　　　2022 年 3 月第 4 次印刷
定　　价：39.80 元

序 PREFACE

中国社会经济发展正处在一个快速工业化和城镇化的过程。我国城镇人口在 2011 年首次超过农村人口，农业在国民经济的比重从 2014 年起降到 10% 以下。在这样的背景下，很容易产生不重视农业、农村和农民的倾向，从而让农村被冷落、农田被丢荒、传统被遗弃。然而，一个繁荣富强的中国，离不开美丽乡村的青山绿水，需要农业产业绿色健康，期待乡村生活多姿多彩，渴望乡土文化根深叶茂。

为此，与美丽中国相匹配的美丽乡村建设，也就被列入我国现阶段发展的重要议事日程。2015 年发布的《中共中央、国务院关于加快推进生态文明建设的意见》在"加快美丽乡村建设"方面提出："完善县域村庄规划，强化规划的科学性和约束力。加强农村基础设施建设，强化山水林田路综合治理，加快农村危旧房改造，支持农村环境集中连片整治，开展农村垃圾专项治理，加大农村污水处理和改厕力度。加快转变农业发展方式，推进农业结构调整，大力发展农业循环经济，治理农业污染，提升农产品质量安全水平。依托乡村生态资源，在保护生态环境的前提下，加快发展乡村旅游休闲业。引导农民在房前屋后、道路两旁植树护绿。加强农村精神文明建设，以环境整治和民风建设为重点，扎实推进文明村镇创建。"这些大政方针有待我们共同付诸实践。

为了更好地推进美丽乡村建设，广东科技出版社组织了知识背景跨度大、经历经验各异的一批有识之士分别就美丽乡村的景观营造、环境治理、生产管理、产品结构、民风民俗、文化传承等不同侧面进行了论述。作者们对有关的问题与机遇、国家的政策法规、相关的理论基础、国内外的经验教训等展开了分析、释疑、举例，并提出了自己的意见和建议，最终形成了由"乡村美景""环境治理""一村一品""家庭农场""乡风民风""乡土文化"六个主题组成的"中国梦·美丽乡村建设"丛书。

这套丛书的每一本都短小精悍、文字流畅、深入浅出，而且配有一些赏心悦目的图片，很接"地气"，适合有志于美丽乡村建设的村民、社区干部、学校师生和社会各界参考。相信这套丛书能够为我国美丽乡村建设添加一股正能量！

2016 年 7 月

目录 CONTENTS

001

023

053

第三章
乡村污染治理

081

第四章
乡村生态环境监察

097

第五章
乡村生态文明建设

111

第六章
乡村环境治理展望

第一章 绪论

一、美丽乡村建设基本理论

（一）美丽乡村建设基本政策

2013 年 3 月 20 日，农业部常务会议决定在全国不同类型地区试点建设 1 000 个天蓝、地绿、水净，安居、乐业、增收的美丽乡村，重点推进生态农业建设、节约保护农业资源、改善乡村人居环境、推广节能减排技术，并决定将美丽乡村的创建活动列入为村民办实事的项目。

具体实施方式是，大力推广和实施绿色生态农业、农业清洁生产、农业面源污染防治、乡村清洁工程、能源生态工程，组织技术专家进村入户，培训提高村民素质、提高农业生产水平，促进农业生态旅游业等产业发展，切实增加农民收入，提高村庄绿化美化水平，改善村民居住环境，发掘和保护特色风俗文化，形成可持续发展的农业产业结构、农民生产方式和农村生活模式。

会议同时决定，因地制宜发展户用沼气、村级沼气集中供

气站和规模化沼气生产厂，加大向农户集中供气力度。加大服务体系建设力度，强化科技创新，巩固建设成果，提高建设质量，促进乡村沼气事业持续、健康、快速地发展。

具体实施方式是，重点在丘陵山区、老少边穷地区和集中供气无法覆盖的地区，因地制宜发展乡村户用沼气，对农户相对集中的村庄，以乡村居民为用气对象，支持建设以畜禽粪便、秸秆等农业废弃物为原料的村级沼气供应站，坚持高标准、高投入、高产出，完善规模化沼气生产厂的扶持政策，鼓励和引导社会力量参与建设和运营，依托农业行业科技专项资金，加快新工艺、新材料、新设备的更新换代，继续加大沼气服务体系建设力度，鼓励地方安排专项资金用于补贴服务网点进料出料、故障维修等运行费用和人员工资。

此外，依托现代农业产业技术体系建设和基层农技推广体系改革与建设补助项目，围绕种植业、畜牧业、渔业和农机行业，组织培训农机推广骨干人才，建设农机推广骨干人员数据库，制订全国培训计划并开展培训工作。以现代农业产业技术体系综合试验站为平台，开展基层农技推广骨干和种养大户技术培训，在关键季

节、关键农时开展技术指导服务，辐射带动周边农户使用先进技术。

（二）美丽乡村建设基本内容

1. 总体目标

按照生产、生活、生态和谐发展的要求，坚持"科学规划、目标引导、试点先行、注重实效"的原则，以政策、人才、科技、组织为支撑，以发展农业生产、改善人居环境、传承生态文化、培育文明新风为途径，构建与资源环境相协调的乡村生产、生活方式，打造"生态宜居、生产高效、生活美好、人文和谐"的示范典型，形成各具特色的美丽乡村发展模式，进一步丰富和提升新农村建设内涵，全面推进现代农业发展、生态文明建设和农村社会管理。

©张薇

2. 分类目标

（1）产业发展。

①产业形态。主导产业明晰，产业集中度高，每村主导产业1~2个；当地村民（不含外出务工人员）从主导产业收入大于80%；生产、贮运、加工、流通产业链条形成并逐步拓展延伸；产业发展、村民增收处于领先水平。

②生产方式。按照"增产增效并重、良种良法配套、农机农艺结合、生产生态协调"的要求，稳步推进农业技术集成化、劳动过程机械化、生产经营信息化，实现农业基础设施配套完善，标准化生产技术普及率达到90%；土地等自然资源适度规模经营稳步推进；适宜机械化操作的地区（或产业）机械化综合作业率达到90%以上。

③资源利用。资源利用集约高效，农业废弃物循环利用，土地产出率、农业水资源利用率、农药化肥利用率和农膜回收率高于本区域平均水平；秸秆综合利用

率达到 95% 以上，农业投入品包装回收率达到 95% 以上，人畜粪便处理利用率达到 95% 以上，病死畜禽无害化处理率达到 100%。

④经营服务。新型农业经营主体逐步成为生产经营活动的骨干力量；新型农业社会化服务体系比较健全，农民合作社、专业服务公司、专业技术协会、涉农企业等经营性服务组织作用明显；农业生产经营活动所需的政策、农资、科技、金融、市场信息等服务到位。

（2）生活舒适。

①经济宽裕。集体经济条件良好，一村一品或一镇一业发展良好，村民收入水平在本区域内高于平均水平，改善生产、生活的愿望强烈且具备一定的投入能力。

②生活环境。乡村公共基础设施完善、布局合理、功能配套、乡村景观设计科学，村容村貌整洁有序，河塘沟渠得到综合治理；生产生活实现分区，主要道路硬化；人畜饮水设施完善、安全达标；生活垃圾、污水处理利用设施完善，处理利用率达到 95% 以上。

③居住条件。住宅美观舒适，大力推广、应用农村节能建筑；清洁能源普及，农村沼气、太阳能、小风电、微水电等可再生能源在适宜地区得到普遍推广应用，省柴节煤炉、灶、炕等生活节能产品广泛使用；环境卫生设施配套，改厨、改厕全面完成。

④综合服务。交通出行便利快捷，商业服务能满足日常生活需要，用水、用电、用气和通信等生活服务设施齐全，维护到位，村民满意度高。

（3）民生和谐。

①权益维护。创新集体经济有效发展形势，增强集体经济组织实力和服务能力，保障村民土地承包经营权、宅基地使用权和集体经济收益分配权等财产性权利。

②安全保障。遵纪守法蔚然成风，社会治安良好有序，无刑事犯罪和群体性事件，无生产和火灾安全隐患，防灾减灾措施到位，居民安全感强。

③基础设施。教育设施齐全，义务教育普及，适龄儿童入学率100％，学前教育能满足需求。

④医疗养老。新型农村合作医疗普及，农村卫生医疗设施健全，基本卫生服务到位，养老保险全面覆盖，老、弱、病、残、贫等人员得到妥善救济和安置，农民无后顾之忧。

（4）文化传承。

©张薇

①乡风民俗。民风朴实、文明和谐，崇尚科学、反对迷信，明礼诚信、尊老爱幼，勤劳节俭、奉献社会。

②农耕文化。传统建筑、民族服饰、农民艺术、民间传说、农谚民谣、生产生活习俗、农业文化遗产得到有效保护和传承。

③文体活动。文化体育活动经常性开展，有计划、有投入、有组织、有设施，群众参与度高，幸福感强。

④乡村休闲。自然景观和公共景点等旅游资源得到保护性挖掘，民间传统手工艺得到发扬光大，特色饮食得到传承和发展，农家乐等乡村旅游和休闲娱乐得到健康发展。

（5）支撑保障。

①规划编制。试点乡村要按照"美丽乡村"创建工作总体要求，在当地政府指导下，根据自身特点和实际需要，编制详细、明确、可行的建设规划，在产业发展、村庄整治、农民素质、文化建设等方面明确相应的目标和措施。

②组织建设。基层组织健全、班子团结、领导有力，基层党组织的战斗堡垒作用和党员先锋模范作用充分发挥；土地承包管理、集体资产管理、农民负担管理、公益事业建设和村务公开、民主选举等制度得到有效落实。

③科技支撑。农业生产技术，乡村生活的新技术、新成果得到广泛应用，公益性农业技术推广服务到位，村有农民技术员和科技示范户，农民学科技、用科技的热情高。

④职业培训。新型农民培训全覆盖，培育一批种养大户、家庭农场、农民专业合作社、农业产业化龙头企业等新型农业生产经营主体，农民科学文化素养得到提升。

二、乡村环境治理的意义

众所周知，中国的农村无论是抗日战争年代，还是改革开放时期，都对我国的发展起举足轻重的作用。改革开放以来，全国工业化进程在明显加快，同时，乡村的城镇化建设也在快速推进，尤其是最近几年开展的美丽乡村建设取得了明显的成效。另外，在城市和农村、工业人口和农业人口的比例上，城

市人口不断增加，农业人口不断下降，并且趋向老龄化，这导致乡村的环境问题长期没有得到足够的关注，乡村的环境污染也没有得到相应的治理。

（一）乡村环境治理的形势

环境保护部副部长李干杰认为，目前我国乡村环境现状可概括为："农村生活污染、面源污染日益突出，工业污染、城市污染向农村转移加剧。"根据 2010 年初发布的第一次全国污染源普查结果显示，农业源化学需氧量 COD、总磷 TP 和总氮 TN 年排放量分别达到 1 324 万吨、270 万吨及 28 万吨，占全国总排放量的

43.7%、57.2% 及 67.3%，这说明农业源污染排放量已占到全国污染总排放量的"半壁江山"，乡村环境保护总体上依然滞后于乡村经济发展。

根据相关调查数据显示，我国乡村每年产生 90 多亿吨生活污水、2.8 亿吨生活垃圾，大部分未经处理就随意排放。这些问题不仅严重影响乡村生态环境质量，也影响广大农民群众的身体健康。由于乡村环境污染来源广泛，污染物种类繁多，排放量分布较广，呈现"点源"与"面源"污染交叉共存，生活垃圾与工业废弃物叠加排放，多重污染相互复合的特点，治理建设成果数据显示，全国建制村共有 60 万个，截至 2014 年，通过"以奖促治"治理的建制村却仅占全国总数的 8%。这说明目前全国乡村的环境及生态面临严峻的污染趋势，主要体现在下述两个方面。

1. 乡村工业污染严重

改革开放以来，我国乡村经济不断地发展，尤其是乡镇企业不断发展，但同时也带来了严重的环境污染问题。这些乡镇企业的发展在很大程度上是以牺牲环境和资源为代价，对乡村环境的冲击日甚一日，乡镇企业已是我国环境总体质量日益恶化的一个重要根源，乡镇企业的原材料使用和初级产品加工业的污染占很大比重。而且，这些乡镇企业使用的设备都比较落后，技术方面也存在很多不足，对环境的保护缺乏认识，把一些污染物未经处理就直接排放，对乡村的生态环境造成了严重的污染。

2. 城市的污染企业转移到乡村

高污染企业的转移模式一般是由国外转移到国内，再由沿海发达地区转入内地欠发达地区。随着我国产业结构和产业分工的不断调整，城市对环境质量有更高的要求，而一些乡村地区为了经济的发展，不顾环境污染问题，所以部分高污染企业

向乡村地区挺进。乡村也成为高污染企业的收容所，这些高污染企业的转移已经严重影响了乡村经济的可持续发展和乡村群众的生产、生活，一些乡村甚至成了环境污染的重灾区，这些污染企业不仅对乡村的环境有影响，还会对人体造成严重的危害。高污染企业的乡村转移是不符合科学发展观的，不利于经济的可持续发展。

（二）环境治理对乡村发展的意义

环境及生态是人类生存和发展的基本条件，是经济社会发展的基础。保护和加强乡村生态环境建设是改善农业生产条件、乡村生活环境，提高农产品质量安全及保障村民身体健康的内在要求，是实现可持续发展、落实科学发展观的重要举措，也是建设社会主义新农村的有力保障。习近平总书记提出，必须留住青山绿水，必须记住乡愁。而要做到这点，首先必须加强乡村环境的整治与保护，保证乡村"宜居"为前提，通过实现农民"兴业"与"文明"的载体，实现乡村经济可持续发展，从而达到建设资源节约型、环境友好型社会的目的。然而，由于重视不够，乡村生态环境建设往往被忽视，由此造成了乡村环境保护的盲点，这就造成了乡村的环境问题更加突出、更加严重。因此，加强乡村环境保护非常重要。

1. 实施乡村环境治理，有利于落实国家及地方有关乡村建设政策

国家各级政府部门对乡村环境保护工作越来越重视，并将其作为乡村小康和精神文明建设的重要内容。《国务院关于落实科学发展观加强环境保护的决定》提出了乡村环境保护的重点任务。《中华人民共和国国民经济和社会发展第十三个五年规划纲要》也提出："因地制宜发展可再生能源，建设清洁能源示范村镇""实施农村生活垃圾专项治理行动，推进13万个行政村环境综合整治，实施农业废弃物资源化利用示范工程，建设污水垃圾收集处理设施，梯次推进农村生活污水治理，实现90%的行政村生活垃圾

得到治理"。农业部发布的《全国农业和农村经济发展第十二个五年规划》中提出:"加大农业生物资源保护工程建设力度""水生生物资源得到有效养护,生态环境逐步改善,承载能力和可持续发展能力不断提高,生态屏障功能不断增强""针对秸秆资源浪费和污染严重、农村人居环境差、能源短缺等突出问题,按照减量化、再利用、资源化的循环经济理念,因地制宜开展农业废弃物循环利用,重点实施农村沼气工程、农村清洁工程、秸秆能源化利用等工程"。

2. 实施乡村环境治理，有利于乡村环境的改善及村民环保意识的提高

随着城镇化进程的加快，城镇基础设施不断完善，而乡村的规划和基础设施建设相对滞后，乡村普遍缺乏生活垃圾和生活污水处理设施，生活垃圾全部露天堆放，生活污水直接排放，柴草堆、粪堆随处可见，畜禽到处乱跑、随处乱排泄，"脏乱差"现象依然存在，严重影响土壤、水源和空气质量，损害村民身体健康，对乡村生活饮用水水源及周围地表水水质也产生极大影响。另外，村民的不良生活习惯和生产活动对居住区及周边的环境也造成极大污染，生活污水、垃圾、畜禽粪便等收集和处理缺少相应的设施和技术，地方财力有限、环保建设项目资金投入不足、村民的环境保护意识淡薄、公众参与意识不强等因素一直是困扰乡村环境治理的几大因素。随着经济发展和社会发展，环境治理压力也越来越大。因此，改善乡村的整体环境质量，开展乡村环境治理及保护是非常必要的。

三、环境治理与美丽乡村建设

（一）生态"宜居"是美丽乡村建设的重要内容

随着经济社会的发展，乡村的基础设施、公共服务不断健全，面貌日新月异，但与城市相比，人居环境建设整体还稍显落后，不少地方"脏乱差"现象依然存在。围绕"规划科学布局美、村容整洁环境美、创业增收生活美、乡风文明身心美"的目标建设美丽乡村，提升农村人居环境质量，也就成为进一步加快新农村建设的客观要求。但是，在工业化、城市化不断推进的宏观背景下，美丽乡村建设不能局限于乡村的自我完善及经济发展，而是应当顺应城乡一体化发展的历史趋势，大力开展环境治理及保护工作，打造生态"宜居"的绿色乡村。

1. 美丽乡村建设必须顺应生态"宜居"环境的发展趋势

习近平总书记提出："小康全面不全面，生态环境质量是关键。"从现实看，我国乡村大气、水、土壤污染较严重，整体上人居环境质量不够理想，乡村环境已成为全面建成小康社会的短板。到 2020 年，乡村与城市同步实现小康社会，实现城乡一体化，而乡村环境质量是全面小康指标中最难实现的指标，任务重、时间紧，这就要在补齐短板上取得突破性进展。因此，美丽乡村建设必须顺应生态"宜居"环境的发展趋势，积极开展乡村环境综合治理及保护工作，通过"规划科学布局美、村容整洁环境美"，从而实现"创业增收生活美、乡风文明身心美"，让每位村民均在生态"宜居"的美丽乡村环境中同呼吸、共命运。

2. 生态"宜居"是建设美丽乡村的重中之重

我国乡村面积广，村庄多，乡村企业杂乱，监管难度大，再加上长期以来生态环境监管能力薄弱，乡村环保设施落后，乡村污染问题比较严重。乡村生态环境形势日益严峻，已成为美丽乡村建设的主要阻碍。加强乡村生态环境保护是落实科学发展观、构建和谐社会的必然要求，是建设资源节约型社会的重要内容。解决"三农"问题和全面建设乡村小康社会都离不开良好的乡村生态环境和农业自然资源合理利用。并且，城镇居民健康程度下降，其主要原因是农产品使用较多的农药和化肥，医疗保健成本大幅度提升，已经为城市居民敲响了警钟，乡村生态环境建设刻不容缓，不保护乡村环境及生态，最终受伤害的是全社会所有成员。所以，生态"宜居"是建设美丽乡村的必要途径。

3. 生态"宜居"背景下的农村新社区是推进美丽乡村建设的重要载体

农村新社区相对于传统农村社区而言，是指适应城乡一体化发展需要，由若干行政村或自然村整合而成，具有一定人口规模和较为齐全公共设施的社区。土地集约利用、产业集聚发展、农民集中居住和基本公共服务均等化是它的重要特征。

我国的城乡综合差距仍然明显，这就需要通过推进农村新社区建设以提升农村经济社会发展的水平，实现城乡一体与社会和谐。同时，随着经济社会的发展，农民群众对改善居住环境、完善社会保障、丰富精神生活、协调人际关系及提高生活品质的要求日益强烈。但由于现有的行政村规模过小，村民居住分散，配套设施不全，服务水平不高，很难满足农民的实际需求。这也要求我们采取综合措施，大力推进生态"宜居"背景下的农村新社区建设。

由此可见，农村新社区建设不仅是乡村自身的发展需要，而且也是缩小城乡差距，实现城乡全面小康目标的重要探索和实践，而且它不可避免地会成为生态"宜居"背景下推进美丽乡村建设的重要载体。

（二）生态"宜居"背景下推进美丽乡村建设需要把握的几个问题

生态"宜居"环境建设是不可阻挡的历史趋势，美丽乡村建设必须顺应这一趋势，在此基础上，要把握好以下几个方面的问题：

1. 以生态"宜居"环境建设为导向，建设新型乡村社区

美丽乡村建设要以农村社区化为导向，通过行政村整合，在空间上重新规划，优化功能布局。要积极推进农村宅基地置换和农民住房改建，促进农村人口向中心村集聚，引导工业向园区集中，农业向规模化经营发展。要扎实推进基本公共服务均等化行动计划，努力推动文化体育、医疗卫生、公共交通、供水供电、信息网络等城镇基础设施与公共服务、社会保障进一步向农村延伸覆盖，缩小城乡之间的差距，提升农民生活的幸福指数。要不断提高农民的素质与文明程度，净化乡村风气，促进社会和谐。同时，积极探索推广乡村社区的物业化管理，通过环境整治与维护，彻底解决"脏乱差"问题，从根本上优化乡村人居环境。

2. 以乡村自然环境为基础，培育良好生态品质

与城市相比，乡村的优势在于良好的自然生态。美丽乡村建设必须尊重这种自然之美，充分彰显山清水秀、鸟语花香的田园风光，体现人与自然和谐相处的美好画卷。因此，在逐步渗入现代文明元素的同时，要通过生态修复改良和保护等措施，全面营造乡村"天蓝、山青、水绿、地净"的优美环境，充分彰显乡村美丽的田园风光，体现天人合一、人与自然和谐相处的境界。为此，在发展农村经济时，重点要推动乡村工业转型

升级，同时要通过对化肥农药的减量和生产生活垃圾污水等有机废弃物的处理利用，有效治理农业面源污染。有条件的地方，可发展以"青山、碧水、野趣"为特色、集"现代文明、田园风光、乡村风情"于一体的旅游休闲经济，精心打造都市人向往的魅力乡村。

3. 以地域文化为特色，突出生态文明的差异性和多元化

乡村之美固然在于乡村优美的自然风光和田园野趣，但是如果千村一面，则也会缺乏生机和活力，容易引起审美疲劳。因此，美丽乡村建设必须因地制宜，培育地域特色和个性之美。要善于挖掘整合当地的生态资源与人文资源，挖掘利用当地的历史古迹、传统习俗、风土人情，使乡村建设注入人文内涵及生态内涵，展现独特的魅力，既提升和展现乡村的文化品位，也让绵延的地方历史文脉及生态文明得以有效传承。还可以从产业发展景观改造等方面入手，实现"一村一景""一村一品"，充分彰显乡村生态文明特色和韵味。

4. 以建管并举为举措，维护乡村优美环境

美丽乡村建设是一场涉及乡村整体环境与农民生产、生活方式综合性变革的革命。因此，一方面要立足于改变村容村貌，通过规划引导和环境整治，实现道路硬化、路灯亮化、河塘净化、卫生洁化、环境美化、村庄绿化，使村庄布局更加合理、村容村貌更加优美；另一方面，在建设过程中会遇到诸如村民的习惯、观念、利益以及建设资金、村域整合等诸多问题。为此，要积极做好宣传工作，引导村民养成自觉维护乡村良好生态与环境的习惯，还要建立起一系列巩固和提升环境质量的长效管理机制，彻底解决农村的"脏乱差"问题，从而从根本上改善农村的生产生活与生态环境，让村容村貌凸显魅力，让农民群众享受现代文明。

5. 以调动积极性为动力，发挥农民主体作用

农民是美丽乡村建设的依靠力量和最终受益者，在具体操作中，一定要注意调动广大农民的积极性、主动性和创造性，充分体现他们的主体地位，发挥他们在美丽乡村建设中的聪明才智。由于对农民的动员程度直接决定着乡村建设的进度，相关部门要充分利用各种宣传媒体，采取多种方式，大力宣传美丽乡村建设的意义、内容和政策措施，形成全面推进新农村建设的舆论氛围。要培养农民正确的价值取向和行为习惯，转变农民落后的生产方式和消费方式，通过美丽乡村建设，把生态、洁净、文明的理念渗透到农业生产生活的方方面面，潜移默化地改变和提高农民的整体素质。要十分重视农民文化知识、公

民素质及创业创新等方面的教育，培育有文化、懂技术、会经营的新型农民，使农民综合素质、农村经济发展水平与美丽乡村建设的要求相匹配。

总之，生态"宜居"环境建设是不可阻挡的历史趋势，美丽乡村建设必须顺应这一趋势。要因地制宜，采取多种措施，通过几年的扎实努力，使广大乡村真正成为生态良好、环境优美、功能完善、特色鲜明、干净整洁、农民生活幸福的新型乡村，促进乡村物质文明、精神文明、政治文明和生态文明的全面进步。

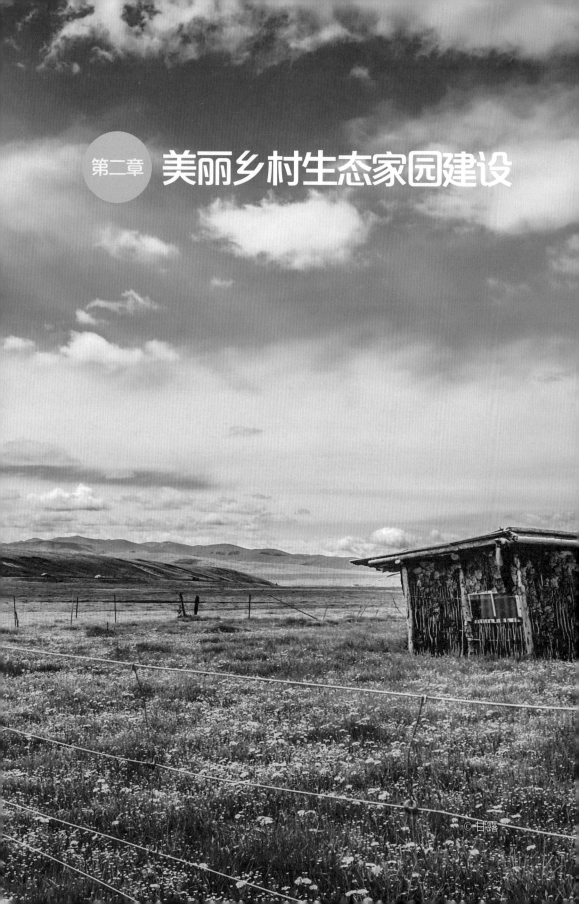

第二章 美丽乡村生态家园建设

©甘露

2013 年中央一号文件《关于加快发展现代农业，进一步增强乡村发展活力的若干意见》中，提出要建设美丽乡村的奋斗目标，加强乡村生态建设、环境保护和综合整治工作。对于乡村地域和乡村人口占了绝大部分的我国，必须加快美丽乡村建设的步伐。加快乡村地区基础设施建设，加大环境治理和保护力度，营造良好的生态环境，大力加大乡村地区经济收入，促进农业增效、农民增收。统筹做好城乡协调发展、同步发展，切实提高广大乡村地区群众的幸福感和满意度。因此，美丽乡村建设已经成为生态文明建设、美丽中国建设的重要组成部分。

美丽乡村生态家园的建设主要从城乡空间生态结构重组、生态资源利用及保护、水土保持、生态庭院建设四个方面进行。近年来农业的快速发展，从一定程度上来说是建立在对土地、水等资源超强开发利用和要素投入过度消耗基础上的，农业乃至乡村经济社会发展面临着资源约束趋紧、生态退化严重、环境污染加剧等严峻挑战。开展美丽乡村建设，推进农业发展方式转变，加强农业资源环境保护，有效提高农业资源利用率，走资源节约、环境友好的农业发展道路，是发展现代农业的必然要求，是实现乡村经济可持续发展的必然趋势。

一、城乡空间生态结构重组

（一）城乡空间生态结构重组现状

城乡关系一直是我国社会经济发展中的重大问题之一，随着城乡统筹、城乡一体化的提出及其建设步伐的加快，关于城乡协调发展的理论研究及实践案例大量涌现，如曾菊新倡导的城乡网络化发展模式、黄瑛等提出城乡空间融合的理论框架等。但目前大量研究侧重理论构建，缺乏城乡空间生态结构重组模式的实际探讨。中共十八大报告提出推进生态文明建设，促进生产空间集约高效，生活空间宜居，生态空间"山清水秀"。生态文明建设成为城乡建设的考核指标，而城乡空间也成为生态文明建设的实践载体。

（二）城乡空间生态结构重组案例

1. 以广东省广州市增城区为例

增城区位于广州市东部，辖 4 街 9 镇，面积 1 616 千米^2。2011 年常住人口104 万，实现地区生产总值 788 亿元。作为科学发展模式和城乡统筹发展的示范区，增城把促进城乡融合、体现生态文明，作为发展建设的重要方面。

首先，增城根据生态文明指导下的城乡空间重组思路，建立一个城乡要素流转通畅、功能组织完善的城乡共生复合网络系统，主要思路是进行空间功能化、城乡网络化、土地集约化。增城结合现状条件和资源禀赋，"打破传统行政区划，建构自然区划、经济区划、行政区划协调的城乡空间统筹模式"，赋予不同地区特色化发展功能，推进空间功能化；通过线性网络要素组织城乡各大功能区，形成网络化城乡空间格局，实现要素自由流动来建设城乡网络化；通过建立"多规合一"的市域空间管治体系，确定空间管治范围、方向和途径，促进城乡要素合理集聚来推动

土地集约化建设。

　　其次，增城构建了"三网五区"的城乡一体化空间格局。增城已构建了蓝绿交融的城乡生态人文网络，引导生态休闲旅游区发展。增城在构建城乡生态人文网络中，围绕中央生态绿核，以山、水、城、田等要素，构筑由水系和绿地融合的五条联通区域山水的生态廊道，让其成为功能区间的生态隔离，又维护生态系统的稳定。以生态网络为基础，串联公园、特色村庄、旅游区等生态休闲要素，构建融生态保护和生活休闲于一体的绿道系统。增城在打造生态休闲旅游区时，依托生态人文网络节点，在保护生态和文化资源基础上进行适度开发，提升自然和人文品质，带动旅游业发展，加强城乡居民交流与融合。增城通过构建依托"双快"的城乡生产流通网络，引导现代产业区发展。依托以信息中心为基础的研发平台和营销网络，推进生产服务业发展，打造知识经济集聚区。

　　增城通过构建公共服务均等的城乡生活服务网络，引导城乡生活区发展。其依托覆盖城乡的公共交通网络，以公交枢纽为核心，倡导以公共交通为导向的开发（TOD）模式，构建多级公共服务体系，重构社区管理单元，培育设施完善、特色多元的城市"完善社区"，打造城市及综合服务发展区。增城因地制宜，推动新农村建设，以生态观光农业为基础，将农业发展、村庄建设和农民生活统筹考虑，实现城乡互补发展。利用营销网络推进生产服务业发展，打造知识经济集聚区、现代农村社区。

　　再次，增城构建了"两规合一"

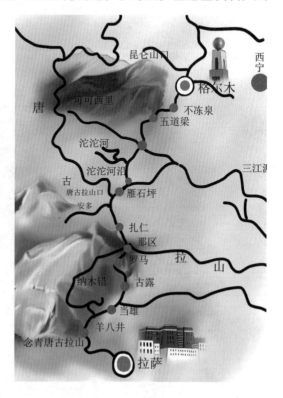

的城乡空间管治体系。协调城市规划和土地利用规划，整合划定四类管制区，引导空间有序开发，实现城乡空间衔接与管理体制创新。在保持建设用地总规模前提下，通过三旧改造、拆村并点、城乡增减挂钩等途径，统筹城乡建设用地布局。

2. 以青海省行政村为例

在"十二五"期间，青海省已构建"一轴、一群、一带、一区"为骨架的城乡空间布局，其中："一轴"指以兰青、青藏铁路主轴；"一群"指东部城市群；"一带"指柴达木城市带；"一区"指南部生态城乡发展区。从城乡等级结构、城乡职能结构、城乡空间结构三方面优化青海省城乡发展布局。促进了其城乡化建设健康有序发展，形成功能完善、环境优美、独具特色的现代化城乡良好格局。

（三）城乡空间生态结构重组存在问题及建议

1. 城乡空间生态结构重组存在的问题

（1）对城乡空间生态结构重组的理解不够深刻。

（2）我国城乡空间生态结构的空间布局不尽合理。几十年的改革开放，我国形成长三角、珠三角和京津冀三大东部沿海城市群，有效带动了东部地区快速发展，

©张薇

三大城市群以3%左右的国土面积集聚了13%左右的人口，创造了36%左右的国内生产总值，但是东部一些地区人口、土地、资源和生态环境的矛盾却日益加剧，节能减排和污染治理的压力巨大。中西部地区一些资源环境承载能力相对较强的地区也在逐步形成城市圈或城市群，如成渝城市群，以武汉、长沙、南昌为核心的长江中游城市群，中原城市群等，但是总体质量不高、数量不足，带动周边地区发展的能力不强。我国的中小城市集聚产业和吸纳人口的能力有待提高，小城镇数量多，大部分规模小，承载能力有限，一些发达地区的特大村镇财权和事权不匹配，急需改革完善。

（3）阻碍城乡空间生态结构重组健康发展的体制机制改革缓慢。

2. 城乡空间生态结构重组建议

城乡空间生态结构重组是研究和探索一条能解决城乡空间持续发展和环境保护之间矛盾、促进城乡空间持续和良性发展的科学对策。城乡空间生态结构重组蕴含的内容和寻求的目标可概括为生态优先、整体优化、经济优效和社会持续。

（1）生态优先。城乡空间结构是一个复杂的人类生态系统，因而必须遵循生态原则。而生态优先原则为人类活动方式和强度在时间和空间尺度上定义了一个生态健康的范围，超过了这一范围，生态环境的保护具有优先权。

（2）整体优化。城乡空间生态结构重组重点强调城乡一体、区域发展与自然演进相协调。人与自然、社会、经济的协调发展，人与自然的共生是城乡空间发展的必由之路。因而城乡空间生态结构重组应把城乡与周边环境作为一个整体，从整体优化出发，达到区域经济、社会、环境协调发展，达到人与人、人与社会、人与自然等关系的和谐。

（3）经济优效。城乡空间生态结构重组的发展要求城镇开发建设是有目的、有效益的，而不是被动的、亏损的。经济发展是促进生态动态平衡的有力保障，是进行城乡空间资源开发利用的直接动力。生态经济原则上是以生态效益与社会效益、

经济效益统一的生态经济，以环境代价最小和生态风险最小的生态经济，应追求生态效益与社会、经济效益的有机结合。

（4）社会持续。城乡空间规划最终目的是达到对空间资源的持久维护和利用，从空间和时间上规划人类的生活和生存空间，因此应以可持续发展为依据，保证生态环境的进化和促进生态经济的持续发展。有利于生态经济效益的提高，利于当代人、造福于后代人。从城乡本身发展的角度来看，城乡生态空间构建的目的是使城乡经济、社会系统在环境承载力允许的范围内，在可接受的人类生存质量的前提下得到不断发展。并通过城乡经济、社会系统的发展，为城乡生态系统质量的提高和进步提供经济和社会推力，最终促进城乡整体意义上的可持续发展。

二、生态资源利用及保护

（一）生态资源利用及保护现状

随着中国农村经济的发展和城市化进程的加快，农村能源消费将是中国未来碳排放增长的主要来源，在巨大能源与环境压力下，农村能源的可持续利用将成为制约我国能源问题的瓶颈。无论是应对能源供应安全还是解决环境、气候变化影响，加速开发利用可再生能源和大力推进节能工作都是重要的战略选择。长期以来我国农村能源消费主要依赖于秸秆、柴薪等生物质能，能源利用率低且污染严重。我国农村商品能源使用量较少，石油、煤炭和电力等常规商品能源在农村的能源消费比例中不足 20%，而非商品化柴薪、秸秆能源消费量巨大。随着经济、农民生活水平及环保意识的提高，农村能源结构也发生了巨大的变化，商品能源逐渐在农村地区普及，商品能源在家用能源结构中的比例达到了 46.05%。因此，加快发展农村清洁能源将有利于缓解商品能源的消耗，有利于促进生态环境保护，有利于推进农村节能减排及发展农村循环经济。

1. 沼气利用现状

沼气池是政府在农村建设中力推的建设项目之一，农村的沼气普及率还不高，部分新农村已建的沼气池也多因来料不稳定、季节供应不平衡、技术不成熟、维护管理难度大及沼气池异味影响居民生活质量等问题而废弃。但畜牧场的沼气建设却带给农村很好的效益，部分农村对已建畜牧场实行生态化改造，推广"猪—沼—果"等循环模式，促进了农业废弃物的多层次利用和多次增值，实现了畜禽粪便资源化、农业生产无害化。

2. 太阳能利用现状

太阳能作为清洁能源之一，在部分发达城市的农村使用面较为广泛，如太阳能热水器的使用在全国农村普及率为 25%。

3. 生物质能利用现状

农作物秸秆作为一种农业生产的副产品，产量大、分布广，同时也是一项重要的生物资源，我国年产农作物秸秆 6.2 亿吨，其数量相当于北方草原打草量的 50 多倍，资源拥有量居世界首位。传统上，农民用秸秆建房蔽日遮雨，用秸秆烧火做饭取暖，用秸秆养畜积肥还田。随着科技进步和社会发展，农业普遍增收之后，农作物秸秆越来越多，出现了综合利用滞后，秸秆出现过剩；随着农民收入增加，生活水平不断提高，农民宁愿增用化肥和燃煤，而少用秸秆作肥料和燃料；由于农作物复种指数提高，特别是近几年小麦机

收面积扩大，麦茬留茬过高，灭茬机械和免耕播种技术推广没有跟上，造成农民为赶农时放火焚烧秸秆和留茬。但我国政府对生物质资源利用极为重视，已连续在四个国家五年计划将生物质能利用技术的研究与应用列为重点科技攻关项目，开展了生物质能利用技术的研究与开发。如户用沼气池、节柴炕灶、薪炭林、大中型沼气工程、生物质压块成型、气化与气化发电及生物质液体燃料等，取得了多项优秀成果。

（二）生态资源利用及保护案例

1. 天津市行政村

2000 年，天津市蓟县出头岭镇北汪庄村利用生物质气化技术，建成了天津市农村第一个秸秆气化集中供气村，解决了全村 178 户农民炊事用能问题。随着农村

城镇化步伐的加快和创建生态村活动的开展，一些基层行政村积极要求开展秸秆气化集中供气工程建设。到 2006 年底，天津市在 7 个区县共建成秸秆气化集中供气工程 34 处，约 12 000 户农民用上清洁、卫生、方便的秸秆燃气，其中大港区太平镇大苏庄中心区，试行了天津市首处秸秆气化集中供气楼房化试点，成了农村城镇化利用作物秸秆解决生活用能的范例。

2. 辽阳市行政村

辽阳市各行政村在可再生能源的综合利用方面，共建成沼气

用户 10 000 户,每年可处理家畜、家禽粪便约 3.5 万吨。大中型沼气工程 32 处,年处理畜禽粪污约 4 万吨。秸秆集中供气工程 25 处,供气户数 12 500 户,年处理秸秆量约 8 000 吨。已建秸秆固化成型加工厂 3 座,年生产能力为 6 万吨左右。在太阳能应用方面,推广应用太阳能热水器 8 800 台,约占 23.54 万米²,太阳能房 2 800 户,约占 25.7 万米²,太阳能灯 800 盏。在农村水电站建设方面,目前已建水电工程有三处:太子河干流上国家Ⅱ型水库附属电站,装机容量为 47.3 兆瓦;太子河支流汤河上国家Ⅱ型水库附属电站,装机容量为 3.83 兆瓦;位于

水库坝址下游官屯水电站，装机容量为 1.2 兆瓦。

3. 沧州市行政村

沧州市农村沼气用户 181 户，沼肥利用 153 户，每户年平均利用沼渣、沼液施肥 9.6 亩（1 亩 ≈ 666.7 米^2），沼气用户年平均综合利用增收节支达 2 000 元。养殖小区沼气工程和养殖场沼气工程各 3 处，平均每处年产沼气 16 万米^3，沼气发电 2 处，沼气供气 1 处，平均产沼渣、沼液 2 200 吨，沼渣、沼液年平均利用 1 800 吨，年综合利用平均增收节支 4.2 万元。沧州市各类农村户用沼气池保有量达 26.5 万户，沼气普及率达到 18%，设有沼气服务网点 323 个、县级站一个，建设养殖小区、养殖场大中型沼气工程 72 处、设有秸秆联户沼气工程 16 处。同时指导推广太阳能热水器总量达到 44.26 万米^2，建设太阳房 4 600 万米^2，秸秆固化成型年产 1.2 万吨、秸秆碳化年产 3 000 吨，省柴节煤炉灶使用总量 26.7 万台。沧州市生态能源的利用大约为 100 万的农村人口提供了优质的生活燃料，可节省燃料支出 3.9 亿元，相应年减少二氧化硫排放量 2 400 吨，年减少二氧化碳排放量 71.81 万吨，年减少粉尘排放量 300 吨。

4. 山西省晋中市榆次区行政村

榆次区从沼气建设户入手，采取整村推进的形式，进行全区示范性推广高效低排放户生物质炉 600 户，北田镇 350 户，庄子乡 250 户，解决了生物质炉建设村冬季做饭、取暖、洗澡等诸多生活用能问题，取得良好效果。

5. 黑龙江省绥化市肇东市太平乡东合村

太平乡东合村共有 3 个自然屯，604 户农户。其中林地面积 1 000 多亩。近年来，东合村以科学发展观为指导，结合"三农"实际，坚持发展特色农林业和无公害畜牧业，壮大集体经济，增加农民收入，构建和谐家园，促进新型农村建设，取得了明显的经济效益、生态效益、环境效益和社会效益。

（三）生态资源利用及保护存在问题及建议

1. 新能源利用存在问题

（1）缺乏相应的规范标准。目前农村新能源市场较混乱，没有出台太阳能热水器、太阳能路灯、燃气灶具等产品标准。一些生产企业受利益驱使，部分商品经检测质量不过关就投放市场，导致农村新能源产品市场鱼龙混杂，损害了广大消费者的合法利益。

（2）技术和管理人员缺乏专业培训。农村新能源的开发利用是个复杂的系统工程、全新领域，现有农村能源技术推广人员仅掌握沼气技术，对太阳能、风能技术较为生疏，因而还需对技术人员进行专业培训，以确保农村新能源技术的推广应用。

（3）政府主导和扶持力度不够，对农村新能源技术的开发利用投入甚微。农村新能源技术的开发利用推广是一个庞大的系统工程，涉及各行各业，开发技术和配件的科技含量都很高，前期开发及产品制造投入大、成本高，但用户往往都是广大农民，经济条件有限，政府扶持力度微薄，仅靠农民自身难以享受到高科技、高技术带来的实惠和便捷。

（4）管理体制有待完善。农村新能源已成为新能源建设的一个重要组成部分，但其主管部门与负责部门不隶属于同一部门，各部门职能交叉、多头管理、资金分散，对农村新能源的统筹发展极为不利。

2. 发展农村新能源对策建议

（1）加强领导管理。目前农村新能源工作存在多个部门管理的局面，不利于行业管理及规范生产企业市场行为，影响了农村新能源技术的开发利用和推广。建议设立农村新能源开发管理机构，统一规范行业市场，统筹管理农村新能源的开发利用。

（2）健全管理培训长效机制。多宣传、发展、健全农村新能源建设队伍的培训及考核机制，对各级不同层次的农村能源沼气工程建设和管理人员进行再教育，尤其是要加大对提高农民素质和技术的培训，不断提高其专业技术水平和综合管理意识，要强化农村新能

源技术开发推广的科普宣传，借助舆论工具和媒体，通过各种形式在农村对新能源技术进行全面系统的推介，尤其是利用先进典型和成功经验进行现身说法，为发展新能源营造良好氛围，从而适应农村新能源又好又快发展的需要。

（3）加大对农村新能源开发利用的政策扶持。按照科学发展观的要求，确定农村新能源发展方向，加快推进农村新能源综

合开发利用建设。要建立推广农村新能源技术的激励机制和扶持政策，对沼气等新能源研究开发的科研单位和企业从信贷、税收、资金、项目审批等方面给予优惠，充分调动各方面投入新能源技术研发推广的积极性。

（4）健全农村新能源后续服务体系。优化服务队伍建设，成立农村新能源协会，以县为单位建立县、镇、村三级服务站，并鼓励扶持农民组建合作社、公司等专业组织，积极探索农村新能源物业化管理新办法，实现政府行为与社会化服务并重。强化政府行政推进，各级政府在管理好后续服务体系的同时，发扬"小政府、大服务"的意识，及时有效地解决农村新能源建设中遇到的难题，为民办实事、办好事。

三、水土保持

（一）水土保持现状

近年来，我国水土保持发展取得了可喜的成就。在水土保持学科体系、水土流失规律与土壤侵蚀机制、水土保持动态监测与效益评价、以小流域为单元的水土流失综合治理与试验示范等方面取得了较大的进展。主要体现在如下几个方面：

1. 建立了水土保持科学技术体系

针对我国国情和水土保持生态环境建设的需要，将水土保持学科的基础理论与应用技术研究紧密结合，主要在流域治理、荒漠化防治、林业生态工程 3 个研究方向，开展了科学研究工作。

2. 在土壤侵蚀定位观测、动态研究与预测上取得重要进展

通过大量径流小区、坡面、小流域等尺度水土保持监测与试验，结合黄河中游、长江中上游等地区的水土保持科

学考察，以及全国和重点地区水土流失遥感普查，初步摸清了我国土壤侵蚀类型和分布规律，较为深入地揭示了土壤侵蚀的机制与发展变化趋势，建立了不同区域土壤侵蚀的影响因子与土壤侵蚀量的关系，初步提出了坡面侵蚀预报模型。在基础支撑系统建设方面，初步建立了我国水土保持基础数据库。

3. 探索出一系列水土保持生态环境建设体系

例如黄土高原地区的"全部降水就地入渗拦蓄"为核心的小流域建设技术体系；在南方山丘区的"蓄排结合，以用为主"的体系；在东北漫岗区的水土资源有效合理利用，并与发展旱地农业相结合的水土保持技术体系；在荒漠化地区的林草植被建设为主体，以防风固沙为主要内容的水土保持林技术等。

4. 形成了特有的水土保持技术体系

形成了具有我国特色的灾害形成条件、灾害监测预警、灾害治理技术方面水土保持技术体系。

（二）水土保持案例

1. 以连云港市饮用水源地保护为例

　　饮用水源地保护直接关系到水质的安全和广大人民群众的身体健康，关系到经济社会的可持续发展，关系到国家的长治久安。多年来，连云港市高度重视饮用水源地保护工作，一直坚持把加强饮用水源地保护作为一项重要工作来抓，在水源地保护的整体规划、监控管理和综合整治等方面采取了一系列措施，并取得了较大的成效。连云港市水库一般地处山丘区，水土流失较为严重，在生态环境进一步恶化的同时，入库泥沙携带大量面源污染物进入水库，造成水库淤积，水质恶化，严重影响了城镇居民生活饮用水安全。为准确掌握小塔山水库水质发

生的变化，进一步探索丘陵山区水源地的治理规律，其通过水质监测资料对小塔山水库上游来水进行实时监测，以 pH、溶解氧、高锰酸盐指数、化学需氧量、五日生化需氧量、氨氮、总氮、总磷发生的变化，来查看丘陵山区水源地采取水土保持的治理成效。

2. 以佛山市顺德区"一河两岸"为例

佛山市顺德区改变了农村河道的现有问题及对河道的水系进行保护，最为重要的是对河岸进行保护，以此维持河道的原始状态，并利用护岸工程来实现景观价值，保证河道不被侵占，突出保护作用，保持水资源的质量。

自然植被是最为环保而具备生态价值的护岸方式，因此顺德区德胜河利用草木进行护岸达到生态与环保的目的。在河岸范围内空旷的地区，种植根系发达的植被，起到加固河岸防止水土流失的效果，同时保证河道的自然状态。并且采用柳木桩护岸，柳木可以在栽插后成活，形成自然护岸的植被，以此达到保护河岸的目的。

顺德区在德胜河自然堤岸基础上进行混凝土加固，采用钢筋混凝土，在砌块的间隙种植植被，形成绿色混凝土的景观生态功能。

3. 以永丰县为例

永丰县保护生态环境从以沼气代柴，减少林木资源消耗出台优惠政策。农户每修建一座沼气池，县里奖励 500 元，扶助 1 000 元扶贫贷款，免征 30 米^2 土地占用费，这一政策极大地激发了农民建沼气池的积极性。几年下来，永丰县共有 6 080 户农民用上了"做饭不烧柴，照明不用电，施肥不花钱"的沼气。年人均增收节支 400 多元，这沼气池的投产，每年可节省木柴 2 700 万千克，不仅保护了秀美山川，还把农民引上了增收致富之路。目前，该县新开发水能资源 18 000 千瓦，超过前 50 年的总和，充足的电能促进电价下降，农村电价由过去的每度 1~2 元降为现在的 0.59 元，全面实现了农村水电电气化。

（三）水土保持存在问题及建议

1. 水土保持建设过程存在问题

近年来，我国已经逐渐认识到农村水土保持生态建设工作的重要性，也逐步地在加快我国农村水土保持生态建设工作的发展。然而，在农村水土保持生态建设过程中仍然存在较多的问题，主要体现在以下几个方面：存在较突出的人地矛盾；存在较严重的水土流失问题；水土治理形式单一等等。

（1）存在较为突出的人地矛盾。目前，我们很多的农村群众生活在山区，因此，随着人口增多，各种经济作物和粮食作物的需求量也变得越来越大，山区人民为了生存，很多山区的树木被砍伐，导致生态环境破坏，坡耕地难以退耕还林、还草。

（2）存在较严重的水土流失问题。我国农村水土流失面积在土地总面积中占有较大的比例。尽管我国广大农民对于水土治理工作都非常支持，积极性非常高，但由于治理的任务面广，任务重，资金存在问题，所以治理工作非常困难。

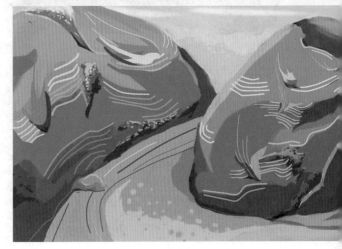

（3）水土治理形式单一。水

土治理相对困难的主要原因就是资金不足，我国目前水土保持生态建设的资金主要来自国家投资，很少有单位和个体来进行投资，出现投资渠道相对单一的现象。而资金的不足，直接导致了水土治理的形式相对单一，即使有较好的水土治理方案，也由于资金的问题，不能很好地实施，严重影响了我国农村水土保持生态建设工作。

2. 实施水土保持的有效措施

（1）通过宣传来增强意识。社会的宣传和各种舆论的力量对加强农村水土保持生态建设工作起到非常重要的作用。在水土保持生态建设工作中，我们要通过报纸、网络和电视的方式，向社会、向群众进行全方位、多层次的宣传，尽可能让更多的人了解水土保持，让越来越多的人意识到加强水土保持生态建设的重要性，认识到它对我国农村的建设、对促进人和自然和

谐发展的重要意义。

（2）提升农村生态旅游工作。通过建立生态旅游景点，吸引更多游客来参观，让人们感受到生态环境带来的优美舒适。这样，人们就会从自身注重生态环境的保护。

（3）强化法规加强监督。根据各地农村的实际情况来强化农村水土保持生态建设工作，出台各种有利于水土保持和生态环境的法律法规，保护水土资源。另外，加强开发建设水土保持方案申报审批制度的实施力度，严格落实"三同时"制度，防止造成新的人为水土流失。

（4）合理布局植物措施。合理布局植物措施是有效提高水土保持生态建设的途径之一，主要包括：循序渐进，乔灌草结合；大力发展乡土优势经果林品种；引导农民在林下适度套种，增加效益。

（5）建立动态监测系统。运用现代科学技术，对水土进行动态监测，监督管理水土流失动态。比如可对河道实施建坝拦蓄，提水灌溉等各种措施，实施综合治理。

四、生态庭院

（一）生态庭院建设研究现状

我国农村以家庭为基本生产单元，庭院是农户最重要的活动区域，是农业资源积聚和生产场所，农村庭院生态系统具有人类与生物小范围共生、自然环境和人工环境共存、物质能量高度密集的特点，可以充分挖掘土地、光照、水源、热量等自然资源潜力，增加人工辅助能的利用，提高资源利用效率，缓解人地矛盾和环境压力。庭院建设对农村经济发展和人居环境改善具有重要意义，也是农业生态经济系统的重要子系统，而生态庭院建设模式是庭院生态农业及能源环保建设的主要内容。

（二）生态庭院建设案例

1. 以江津区油溪镇为例

　　油溪镇庭院生态模式主要依据物质循环利用原理，在一定区域范围内有效地进行物质和能量的多层次、多途径循环利用，减少营养物质外流。对小城镇而言，发展庭院生态农业更要立足实际，考虑市场需求，综合考察其农业生产技术水平、资源开发潜力、环境承载力及农村经济承受水平等因素。油溪镇畜牧业养殖品种较多，主要包括猪、牛、羊、家禽类和兔，同时其蚕桑业十分发达，而且油溪镇水库较多，渔业养殖比较方便。然而其农作物秸秆大部分作为柴薪烧掉，沼气利用率十分低。

综合考虑油溪镇农村经济现状和农村庭院养殖现状，油溪镇发展以沼气为纽带的庭院生态模式。

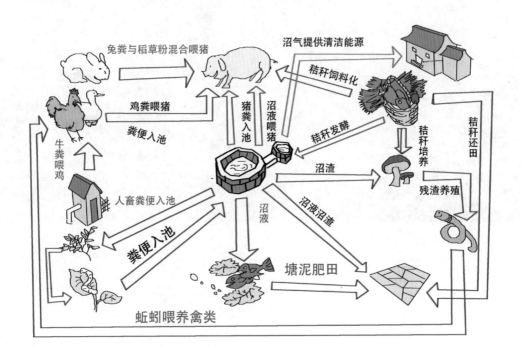

2. 以临河区八一乡联丰村为例

近年来，临河区八一乡联丰村依托农村户用沼气，积极探索生态庭院建设。村民在技术人员的指导下，把住房、温室、沼气池、标准化棚圈组建在一起，构成一个生态系统，使农村生产、生活垃圾得到较好的转化和利用，有效解决了农业生产过程中资源浪费和环境污染的问题，提高了农业生产的经济效益和生态效益。如村民刘胜家有 1.5 亩温室和一处 30 米^2 的猪舍，每年饲养生猪 10 头。他在猪舍下建了一座 10 米^3 的沼气池，猪粪和污水发酵产生沼气，沼渣用作温室肥料，沼液用于蔬菜叶面喷施。他所建设的生态庭院，一年可节约生活用煤费用 1 200 元，电费 200 元，化肥 500 元；再加上养猪、温室种植，一年收入可达 8 万元。目前，这种

生态种养模式得到了村民的认可，该村这种生态庭院建设模式由前几年的 31 户，发展到如今的 580 户。去年建有生态庭院的农户人均纯收入达到 2 万元，远高于周边农民的收入。

（三）生态庭院建设存在问题及建议

1. 生态庭院建设存在问题

随着乡村经济的发展，村民开始关注自家生态庭院建设。现在村民营建生态庭院多属于自发行为，缺乏统一组织、技术指导，营造方式和内容简单，多以沼气为核心和纽带的生态庭院模式为主，在经营中主要存在以下几个方面问题：

（1）外出务工人员增多造成了沼气池的闲置。当代的年轻人思想活跃，观念变换快，当种植业难以为

继时，他们选择了外出务工，而且还有不断上升的趋势。

（2）管理问题。生态庭院是"三分建，七分管"，以沼气为核心和纽带的生态庭院模式建设后，管理问题是影响其持续利用的重要因素。沼气是通过发酵主池里产甲烷菌厌氧分解而产生的，沼气菌必须在适宜环境下才能产气，而沼气池仅是为产沼气提供一个容器而已，真正要产沼气是一个生物、化学过程。目前部分地方沼气使用不好，一个重要原因就是农户不明白这个道理，"重建轻管"现象严重，例如不按要求投料、换料，不测试 pH，造成发酵料液酸化等。

（3）服务问题。村民依赖性思想较严重，比较简单的常识性问题都要找技术员解决，这样在一定程度上影响了沼气池发展。同时镇、村领导重视不够，建设沼气池的补贴直接发到了农户手中，镇、村没有沼气池建设方面的工作经费，因此他们积极性不高。

（4）商品能源的使用导致农户主观弃用。主要原因是近几年国家对电磁炉、电饭锅、节能灯等家电进行了财政补贴，并且农村照明用电价格低，使用家电农户逐

渐增多，沼气池日常管理烦琐，农民在管理沼气池上花费过多时间不如外出打工划算，造成部分农户主观放弃了沼气池的使用，生态庭院建设也就受到影响。

2. 生态庭院建设有效措施

（1）因地制宜，综合规划。合理的布局规划首先要因地制宜综合考虑，要综合利用可用资源，不能重新制造污染，最好还要美观，毕竟这是人最常接触的环境，如果因为获取了经济利益而失去了生活的美好环境，那是得不偿失的。

（2）充分利用现有农业科技成果，效益优先。庭院是一个缩小的农业，能应用到的现有农业科技成果应该在这片小天地中首先试用。科技是第一生产力，这么小的环境要获得大收入离

开了科技就是空谈。

（3）以小见大，合理安排，特色经营，精耕细作。庭院经济因其小所以好管理，但也因小而更该认真管理，合理安排作物，充分利用空间、时间，精耕细作才是获取效益的硬道理。

（4）提高生态庭院的管理和服务质量，进行跟踪效能运转。

第三章　乡村污染治理

一、污水治理

　　随着乡村生活水平的不断提高，乡村生活污水引起的环境污染问题也日益严重。而长期以来，由于多种因素的影响，我国乡村地区的生活污水基本上未经处理就直接排放，成为江河湖泊水体水质下降的重要原因之一。因此，加强乡村生活污水的收集与处理工作，既是改善乡村人居环境的基础性工作，也是建设社会主义新农村和美丽乡村的必然要求。为了科学地引导乡村地区顺利开展污水治理工作，以广东为例，对目前乡村生活污水处理现状进行调查，全面了解典型的乡村生活污水特点及其处理工艺现状和存在的问题，加快乡村生活污水处理工艺的建设进程。

（一）乡村生活污水特点及处理现状

1. 水质特点

　　乡村水环境污染，主要来自于洗涤、沐浴、厕所冲洗等产生的生活污水，存在污染源面广且分散，污染物成分复杂、浓度低、处理率低等特点。而乡村生活污水中含有大量的有机物及部分无机物，如纤维素、淀粉、糖类和脂肪、蛋白质等；无机盐类的氯化物、硫酸盐、磷酸盐、碳酸氢盐和钠、钾、钙、镁等，其特点是氮、硫、磷含量高。另外，有些地区的乡村还会排放一定量的养殖废水，常含有病原菌、病毒和寄生虫卵等。

2. 生活污水处理现状

（1）污水处理工艺。广东乡村生活污水处理工艺统计情况见表 2。表 2 中列举的 274 处污水处理设施中，采用单一处理工艺的有 206 处，占 75.2%，采用组合处理工艺的有 68 处，占 24.8%。这些工艺以厌氧、自然曝氧及土地处理方式为主，而养殖污水处理工艺则采用沼气池，以产沼气进行资源化利用。

表 2　广东乡村污水处理工艺统计情况

工艺名称	数量	工艺名称	数量
化粪池	122	厌氧池 + 人工湿地	4
沼气池	7	生态塘 + 人工湿地	6
厌氧塘（池）	13	化粪池 + 充氧塘 + 生态塘	1
充氧塘（沟）	0	化粪池 + 沼气池 + 生态塘	8
生态塘（沟）	54	化粪池 + 生态塘 + 人工湿地	2
人工湿地	4	化粪池 + 厌氧池 + 生态塘	4
其他单个工艺	6	厌氧池 + 生态塘 + 人工湿地	2
化粪池 + 生态塘	16	沼气池 + 生态塘 + 人工湿地	1
化粪池 + 沼气池	5	化粪池 + 厌氧池 + 充氧塘 + 生态塘	11
化粪池 + 充氧塘	3	化粪池 + 厌氧池 + 充氧塘 + 生态塘 + 人工湿地	2
沼气池 + 生态塘	2	化粪池 + 其他复合工艺	1

（2）污水处理设施规模。广东乡村生活污水处理总规模约 3.6×10^4 吨/天，其中乡村生活污水处理设施规模在 50 吨/天以下的占 56%，规模在 200 吨/天以下的占 89%，规模在 200 吨/天以上的只有 11%，且均为镇带村的污水处理模式。

可见，乡村生活污水处理设施的规模普遍较小且分散，大部分规模在 200 吨／天以下。

（3）污水处理效果。乡村生活污水处理设施在一定程度上保护了乡村水环境，改善了用水情况，减轻了水体的污染及富营养化程度。但广东大部分乡村生活污水处理设施的出水水质达不到《城镇污水处理厂污染物排放标准》（GB18918—2002）的一级 B 标准。

（二）乡村污水处理案例

1. 佛山市禅城区南庄镇利华员工村

利华员工村污水处理站采用的是地埋式（有动力）污水处理设施，这个设施包含小型成套污水处理装置、地下渗滤系统等，

有厌氧、好氧或组合工艺装置等。所有装置埋入地下，成为一个小型的地下工程，上面的土地就被利用来种植绿化植物，这是该工艺的最大优点。而且设备运转时噪声小，产生的污泥也少，对周围环境影响非常小。

处理站系统运行全自动控制，现场设一级控制和中央控制系统，其进出水水质达到《城镇污水处理厂污染物排放标准》（GB18918—2002）一级 B 标准。不过，工程的造价相对较高。因此适宜于土地紧缺地区、乡村新建居住小区以及人口居住密集的珠三角乡村地区。

2. 海南省万宁市长丰镇文通村

海南省万宁市长丰镇文通村采用低投资、低运行费用、低管理技术要求的生态化方式处理农村生活污水。采用人工湿地和自然氧化塘的生态治理技术。

人工湿地由不同粒径的填料和水生植物形成一个仿自然生态体系，污水经填料过滤、植物根系的多种微生物代谢活动，污染物被分解和被植物吸收，水质得以净化。

自然氧化塘是通过对原有鱼塘进行改造后，增加水体内沉水植物和挺水植物，促使水体含氧量增加，从而达到氧化分解污染物的目的。

3. 江门台山市川岛镇王府洲旅游区

江门台山市川岛镇王府洲污水处理厂的处理对象是旅游区生活污水，

出水要求较高，所以该厂采用"调节水解池＋生物氧化＋人工湿地"污水处理组合工艺。该组合工艺占地面积较小，对水质、水量波动有较强的适应性，对污染物的去除效果好。

相较于花都区东镇李溪村采用的"调节水解池＋人工湿地＋稳定塘"的组合工艺，该工艺建设费用较高，约高出 1/4，运行费用约高出 1/2，且该系统运行管理相对较复杂，适用于出水水质要求较高的乡村地区，尤其是人口居住密集、环境容量较小或者集中连片村庄的生活污水集中处理。

（三）乡村污水处理建议

1. 科学发展，因地制宜

强化科学的生态发展理念，按照各片区的地域特点，积极完善乡村污水治理的相关政策、标准及规范，因地制宜，结合实际，加强技术政策、设计规范的探索，充分体现各地乡村特色，积极开展工艺技术研究。

2. 强化宣传，提高认识

各级政府职能部门应加大有关乡村生活污水治理政策、工作开展情况及取得成效的宣传工作力度，让广大农民提高环境保护及生态意识，认识污水治理建设的积极意义和实际取得的效益，真正参与到污水治理工程中来。

3. 加大投入，多方筹措

提倡建立乡村污水治理工程专项资金。在加强各级政府部门财政投入的同时，倡导全方位、多元化、多渠道筹措资金，广泛鼓励和引导工矿企业、民间团体及组织、社会个人等对污水处理建设提供捐赠和资助，积极拓宽社会救助资源，以保证污水治理工程的建设与运营具有充足的资金支持。

4. 资源配套，设施建设

率先针对重点区域和问题突出的片区开展建设工作，着力解决危害农民群众饮用水水源地污染问题，特别是地区饮用水水源污染防治设施建设，逐步改变该流域地区污水治理设施严重不足的现状，提高乡村污水治理水平，实现污水治理的城乡一体化建设。

5. 科学研究，提高水平

加大科技投入，重视可持续发展技术的应用。应在对当地的水环境进行科学的统计和分析基础上，提出切合实际的处理模式，特别是多组合工艺技术的处理研究，提高污水处理工艺技术的处理能力及水平。

6. 完善政策，加强监督

以环境保护规划为前提，各地方政府部门应该突出重点，加强相关设计规范、技术政策、管理法规的探讨和建设，及时出台政策并应用于该区域。同时，强化考核，加强监督。

总之，乡村生活污水的处理是关系到该地区新农村建设、美丽乡村建设、生态村庄建设的重要任务，它是改善广东地区乡村居民生活水平、提高乡村居民身体健康水平的重要途径之一，同时也是构建和谐家园的内在需求，更是习近平总书记提出的"既要金山银山，也要绿水青山"的工程保障。为此，全民动员，积极参与污水治理建设，给乡村的青泉碧溪安上一道坚不可摧的防护盾。

二、大气治理

我国乡村的生活燃料以柴、煤为主，使用的炉灶以直接燃烧的方式提供热能，不仅能耗高，而且还严重污染室内外空气。随着美丽乡村建设活动的不断深入，大气污染等问题也随之提上日程。为科学引导乡村地区顺利开展室内外空气污染治理工作，对我国目前的乡村空气质量现状进行调查，全面了解乡村空气污染特点和存在的问题，为进一步改善乡村空气质量、全力打造美丽乡村夯实基础，给蓝天白云筑牢防火墙。

（一）乡村空气质量现状

1. 燃煤型空气污染

　　我国乡村普遍使用高硫煤，燃烧时会产生二氧化硫、一氧化氮、可吸入颗粒物、烟尘、重金属、多环芳烃及大量一氧化碳等，严重污染环境。如我国的酸雨面积已占国土面积的 1/3，与乡村长期燃煤有着直接的关系。同时贵州、陕西等省的部分乡村地区长期使用含氟、砷量高的煤炭，引发人们氟（砷）中毒。

2. 秸秆燃烧型空气污染

　　我国生物质资源非常丰富，仅农作物秸秆等农业废弃物每年就达 7 亿吨左右，而每年直接焚烧掉的就达 2 亿吨，不仅造成能源资源的严重浪费，而且还严重地污染了环境。据相关监测资料表明，由于燃烧生物质燃料，发展中国家乡村的室内空气中可吸入颗粒物的浓度高达 1 000~10 000 毫克 / 米³，超过美国国家环境保护局标准（100 毫克 / 米³）的 10~100 倍。

3. 农药、化肥型空气污染

随着农业产业化的不断深入，产业化种植的规模不断扩大，在种植中对农药、化肥的大量使用缺乏有效控制。据资料显示，以喷雾剂式进行喷洒的农药使用方式，仅有 10％的农药能够附于作物之上，相当一部分农药微颗粒散发到空气当中，随风飘散逐渐形成大气污染。

4. 乡镇企业型空气污染

随着国家产业转移政策及欠发达乡镇地区招商引资政策的实施，县城城镇化区域不断扩张，越来越多的企业选择落户乡村。且因当地政府对这些企业给予了较多

不能吃！有毒，他们为保鲜驱虫，在我们身上喷洒农药。

的政策优惠措施，早期的入驻企业极易扩大生产规模，并不可避免地存在土地利用率较差的烂尾项目，引起大气扬尘污染问题。

（二）乡村空气质量监测

2010年，北京、上海、天津、重庆4个直辖市及部分省、自治区已在环保部的组织下开展了指令性乡村环境空气质量试点监测工作。2011年，中国环境监测总站组织全国环境监测系统继续开展包括乡村空气在内的全国乡村环境质量试点监测工作，并扩大监测范围，一共涉及364个试点乡村。而随着该项工作的不断深入，地方级环境空气自动监测站的建设已提上日程。但与城市空气质量监测工作相比，当前乡村环境空气质量监测工作中仍存在较大不足，主要体现在以下四方面：①监测方式相对落后；②监测点位不合理；③监测覆盖面不够；④监测数据量不足。

（三）乡村空气污染治理案例

1. 佛山市顺德区勒流街龙眼村

佛山市顺德区勒流街龙眼村位于顺德区的勒良路与大良凤翔路交汇处，辖下10个村民小组，工业区面积有608亩，现有厂企92家，以纺织业和加工小五金为主。近年来，为治理大气污染，龙眼村提倡使用清洁能源，扩大液化气、沼气、太阳能、秸秆液化的使用率，减少燃煤对大气的污染。为此，龙眼村委会多次组织召开相关工作会议，将创建工作中的重点工程、任务和规划指标逐一分解，分别落实到各个创建工作成员单位，落实到具体的人员头上。通过该项创建工作，龙眼村委会共有村民1 298户，全部使用液化石油气和天然气为主要能源，清洁能源普及率高达100%，大大改善了村庄环境空气质量。

2. 河北省高碑店市白沟新城

河北省高碑店市白沟新城下辖一镇一区33个村街，辖区面积64千米²。为加强大气污染综合治理，改善环境空气质量，有效解决垃圾处理、秸秆焚烧污染等问题，白沟新城农村工作局制定了《大气污染防治方案》，通过一系列大气污染综合整治措施，使村街环境、空气质量明显改善，为提高全区环境空气质量做出巨大的贡献。

（1）结合乡村面貌改造提升工作，加强扬尘污染控制。集中力量解决辖区村街内散体物料、生活垃圾乱堆乱放、随意倾倒等问题；对各村街内裸露土地及时硬化、绿化或覆盖，加强重点区域的环境卫生整治，解决脏、乱、差问题，严禁垃圾、落叶等废弃物露天焚烧。

（2）加强乡村农药、化肥型污染治理。重点整治甲胺磷、克百威、氟虫腈等禁用农药和乐果、水胺硫磷等限用农药，筛选推广使用高效低残留农药，严格控制高毒高残留农药使用，减少环境污染。有效抑制农业化肥使用过程中氨的排放。推广使用绿色长效缓释肥、配方肥，提高化肥使用效益。

（3）深入开展村街绿化工作。充分发挥乡村居民主体作用，加大对乡村绿化重

要性、绿化典型的宣传，转变广大干部群众绿化理念；农林办公室对村街绿化加强技术指导，建立、健全绿化长效机制；整合项目资金，将村街绿化与乡村面貌改造提升工程、幸福乡村建设、基层建设年重点帮扶等工作有机结合起来。

（4）开展"土小"企业排查、规范、治理工作。对村街内小印染、小颗粒、小电镀、小塑料等"土小"企业进行重点排查整治，采取清理、关停等有效措施，进行全面整治和规范。

（5）加快调整能源结构，削减乡村炊事、取暖用煤。一方面加强宣传，各村街书写标语进行动员宣传。另一方面在调研的基础上，引导村街使用洁净煤、型煤、罐装液化气、太阳能等清洁能源，加快改造提升乡村炊事、取暖等乡村燃煤装置和设备。

（6）两手齐抓，全力做好秸秆禁烧和综合利用工作。在推进综合利用工作上，一是秸秆粉碎直接还田；二是秸秆堆沤腐熟还田，减少露天焚烧现象；三是利用秸秆生产食用菌，实现农业资源的循环利用。

3. 河北省鹿泉市龙凤湖度假村、南故邑村

从 2012 年开始，龙凤湖度假村 700 多户、南故邑村 120 多户居民，利用鹿泉市某能源技术有限公司两座沼气池供给的清洁能源沼气替代燃煤。该公司利用秸秆喂牛—牛粪做沼气—沼渣做肥料的良性循环模式，所建的两座沼气池日产沼气近 1 000 米³，可提供 1 500 户居民一天的使用量。并且当地政府为推广这种清洁能源，每产 1 米³ 沼气，政府将补助企业 0.9 元，还给入网、接气的居民免费配备沼气专用灶，进一步推广沼气使用工程，提高乡村空气环境质量水平。

（四）乡村空气污染治理建议

1. 加强宣传，强化乡村大气环保意识

各级部门应该充分利用各种渠道，大力宣传法律法规，提高乡村居民对保护大气环境的意识。

2. 加大投入，改善乡村生产及生活方式

长期以来乡村落后的生产及生活方式，是导致乡村大气环境污染的重要原因之一。各级政府部门应积极加大对乡村的投入力度，从科技、人员、资金等各个方面予以支持，逐渐提高和改善乡村地区落后的生产及生活方式。

3. 发展循环经济，建立乡村资源综合利用制度

在美丽乡村建设中，大气环境污染是在综合和开发乡村资源过程中造成的，其中综合利用制度的欠缺让好心办了"坏事"。因此，在建立完善的综合利用制度，进一步推广清洁能源的基础上，对清洁能源的新技术以及管理制度进行创新，促使循环经济的覆盖范围逐渐扩大，使得废物

产生量达到最小化。

4. 发展绿色农业，建立乡村大气环境补偿制度

发展绿色农业对于改善乡村由于农药、化肥造成的大气污染有重要的指导意义。除此之外还要从保护乡村生态环境的角度建立一套完善的大气环境治理补偿制度，将由于保护环境而产生的经费在国家、省、市等行政单位进行分化，逐步实现农业产业绿色化发展。

5. 实行严格的乡村乡镇企业规划、审批和准入制度，遏制污染源转移

城镇管理者以及基层干部在扩大招商引资规模、优化投资环境的同时还应该注重对本地环境的保护，尤其是矛盾日益突出的大气污染治理，减少烂尾工程的出现。此外，对已经存在的对大气污染较为严重的企业进行政策性关停，制订合理的补偿、转型制度，推行坚决关闭和撤销"十五小""新六小"企业。

6. 严格执法，加强乡村环境空气质量监测工作

严格执行环保部颁布的《全国环境监测工作要点》，借鉴较为成熟的城市空气监测经验，积极转变乡村环境空气质量监测方式，建立并完善自动监测网络，逐步实现全自动监测。另外，由于我国地域广博，各地乡村具体情况各异，应根据乡村环境空气污染的实际状况和特点，综合考虑乡村乡镇企业生产及村民生活布局，因地制宜、因村而异，科学合理地设置环境空气监测因子及监测点位，杜绝"一刀切"的现象。

蓝天为卷，白云为诗，美丽乡村建设工程中留下的不仅是乡村高楼大厦、经济发展的华丽篇章，还有蓝天白云间乡村村民对良好空气环境质量的执着追求。为此，响应国家及地方的号召，积极参与乡村空气污染治理建设，给乡村的蓝天白云筑牢一道道安全的防火墙。

三、垃圾治理

在城乡一体化的建设进程中，"垃圾围城"问题尚待解决，而"垃圾围村"问

题已携势席卷我国众多乡村地区。秀丽的田园风光被随处可见的生活垃圾所覆盖，原始的乡村景观被层层叠叠的白色垃圾所"点缀"。另外，乡村企业产生的工业垃圾及牲畜养殖产生的粪便、废弃物等也严重污染乡村环境。因此，加强对乡村垃圾处理现状及对策的研究及实践已经成为新时期美丽乡村建设工作的重中之重，可彻底改善乡村环境卫生面貌，为乡村的山清水秀安上坚固的金钟保护罩。

（一）乡村垃圾污染现状

据调查统计，我国乡村垃圾主要来源于 4 个方面，分别为：

①日常生活所产垃圾。②农业生产活动所产垃圾。③牲畜养殖所产垃圾。④乡镇企业工业垃圾及旅游垃圾。其污染现状总体表现为产生量大而收集率低，以简易处理为主，无害化处理率低，导致乡村环境污染日益加剧、乡村资源严重浪费，制约中国的可持续经济发展及生态文明进步。

（二）乡村垃圾处理现状及存在问题

1. 乡村垃圾处理现状

（1）目前乡村垃圾的处置除少数村（主要是省级卫生村）采用简易垃圾填埋外，大部分乡村垃圾都是随地堆放，主要倾倒地点是"六边"：路边、河边、村边、田边、塘边、屋边，部分乡村企业的工业废弃物随意倾倒在工厂企业的附近。

（2）目前乡村粪便的处置基本以家庭户厕、公厕化粪池、三格式倒粪池贮存，满溢后自然渗透排放为主，未经真正的无害化处理而直接排放到河里和田里，并且目前还存有少量露天粪缸。

（3）近几年来乡村养殖业的无序管理造成的污染也比较严重。一方面养殖户的环保意识较差，畜禽粪尿未经任何处理直接排到河里或堆放在路旁污染环境；另一方面大多数养殖户缺乏畜禽粪便无害化处理的措施，且先进的无害化方法处理成本较高，养殖户难以承受。

2．乡村垃圾处理存在问题

（1）"垃圾围村"问题严重，缺乏职能监管。如前所述，我国乡村垃圾收集率较低，且存在无管理部门、无经费投入、无保洁队伍的"三无"现象，许多地区普遍具有"垃圾靠风刮""屋内现代化、屋外脏乱差"等问题。

（2）收运体系问题突出，缺失系统规划及标准。由于乡村垃圾收运体系缺失系统规划及统一标准，并且因垃圾中转站产生的恶臭及噪声问题较为突出，严重影响周边村民的日常生活及生产行为，导致乡村生活垃圾中转站的建设工作从选址到运行均困难重重，村民反对意见较多。

（3）无害化处理场建设滞后，无害化处理率低。全省乡村生活垃圾无害化处理率仅为28%，省内大多数地区，尤其是粤东、粤西、粤北地区，仍普遍采用处理效果较差的简易处理方式，造成乡村环境污染日益严重的现象。

（三）乡村垃圾治理案例

1．清远市清新县三坑镇亨图村

在清远市清新县三坑镇的亨图村，每个村民家门口都挂着一个塑料垃圾桶，各自负责自家门前的卫生工作，各家垃圾统一放在门口的这个垃圾桶里，村小组从集体收益中拿出一部分资金聘请两名村民作为保洁员，负责全村公共场所的每日清洁并清理各户门前的垃圾桶。垃圾收集之后，便集中转运到三坑镇垃圾处理中心进行处理。

此外，亨图村还设置了12个固定垃圾桶，放置在村民经常聚集的地方，村民吃完水果后留下的果皮或用完的废纸等，都可以很便捷地

放进垃圾桶中。考虑到逢年过节或逢喜事，村民们都会摆酒席宴宾客，产生的垃圾也会随之增多，家门口的垃圾桶就不够用，村里又在村口摆放了 4 个大型的流动垃圾桶，谁家有喜事，就把大型的流动垃圾桶推过去收集垃圾。

2. 云浮市云城区自然村

在云浮市云城区，有一个"六个建立"的工作机制，即：建立一支相对稳定的乡村环卫保洁队伍，镇有环卫所，村有保洁员；建立一批布局合理的乡村垃圾收集处理基础设施，村有垃圾屋或垃圾池，镇、街配备垃圾清运车；建立一支监管队伍，区、镇、村形成三级监管网络；建立一套行之有效的乡村卫生保洁垃圾处理长效管理制度；建立落实长期稳定的经费筹集途径；建立一套严格的考核评比办法。该机制的确立确保乡村垃圾得到妥善的处置。

云城区的垃圾收集处理模式以户、村、镇、区分级负责为原则，四级联动，分别负责垃圾清扫、环境保洁、集中清运、统一处理。资金管理上，云城区对新购垃圾车的镇（街）支持 10 万元，对购置垃圾斗车的按照 300 元／辆标准给予支持，对新建垃圾池（屋）的村按照垃圾池 500 元／个、垃圾屋 1 000 元／间的标准给予支持，对年度完成清运垃圾任务较好的镇（街）奖励 3 万~5 万元。

据有关负责人介绍，除市区范围外，该区农业自然村共有 708 条，2011 年有602 条实现了生活垃圾收集清运，覆盖面达 85.03%，并在 2012 年实现全部覆盖。

3. 陕西省宝鸡市千阳县行政村

陕西省宝鸡市千阳县位于陕西西部，境内辖 8 镇 98 个行政村，总人口 13 万人，其中农业人口 11.1 万人。千阳县在 2003 年被评为全国卫生县城后，根据群众意愿和美丽乡村建设的需要，坚持城乡统筹，制度创新，把以城市为主的垃圾管理迅速扩展到广大乡村。成立了由县长挂帅的乡村生活垃圾集中处理工作机构，制订了《千阳县农村生活垃圾集中收集处理工作实施方案》，在全县开展了创建"村村文明一条街，美丽家园"和"清三堆"（土堆、粪堆、柴堆）、"治三乱"（污水乱泼、垃圾乱倒、柴草乱堆）、"美三口"（村口、路口、家门口）等集中整治活动。在此基础上，建立了乡村生活垃圾分级管理的长效机制，户分类—村收集—乡转运—县填埋，为村庄垃圾处理工作奠定了制度基础。

（四）乡村垃圾治理建议

1. 制定适应乡村实情的卫生管理政策

根据乡村垃圾产生、处理能力及环境现状的实际情况，因地制宜地制定并完善相关制度及政策，通过制度化保障乡村垃圾有效处理的长期化。

2. 大力发展循环及生态农业经济

贯彻可持续的绿色发展理念，强化"垃圾是放错地方的资源"的意识，结合各地乡村实情，大力发展循环及生态农业经济，将人畜粪便等垃圾与再生资源联系起来，实现垃圾处理的资源化，彻底改变"屋内现代化、屋外脏乱差"的现象。

3. 引进先进管理理念和市场管理机制

由于乡村财政投入力度的不足，仅仅依赖政府处理乡村垃圾只能达到"望梅止渴"的程度，需学习如 PPP（公共私营合作制）等现代化先进运营机制，构筑符合市场经济要求的乡村垃圾收运及处理体系。

4. 加大宣传教育力度，提高村民环境保护意识

保护环境，人人有责。乡村生活垃圾产生量大，且村民是产生行为主体，所以，针对村民进行垃圾无害化处理的宣传和教育，提高其环境意识，是乡村生活垃圾得到高效处理的有力保障。

通过采取以上措施，可使乡村垃圾达到"减量化、资源化、无害化"的目的，又逐步建立起布局合理、技术先进、资源得到有效利用的低成本垃圾收运处理系统。各地区可根据自身的情况量力而行，选择合适的垃圾处理方法，做到资源的有效和循环利用，从而保护环境，实现人与自然的和谐发展，早日达到"村容

整洁"的目标和要求，给乡村的山清水秀上牢金钟罩，为美丽乡村建设付出应尽的
责任和义务。

四、面源污染防治

农业面源污染主要来自农业生产中广泛使用的化肥、农药、农膜等工业产品及
农作物秸秆、畜禽尿粪、乡村生活污水、生活垃圾等农业废弃物，致使目前我国至
少有 1 300 万~1 600 万公顷耕地受到严重污染。中共中央、国务院 2014 年 1 月
印发的《关于全面深化农村改革加快推进农业现代化的若干意见》提出，要促进生
态友好型农业发展，加大农业面源污染防治力度，建立农业可持续发展长效机制。
为此，对我国目前的乡村面源污染现状进行调查，全面了解面源污染特点及其处理
现状，加快乡村面源污染治理的建设进程。

（一）乡村面源污染特点及现状

1. 乡村面源污染特点

（1）污染区域广泛，且易受气候影响。乡村一旦爆发面源污染，整个流域均可
被涉及，其污染程度与气候关系较大。如降水丰富季节进行作物施肥或灭虫行为，
大量的难降解物质如农药、化肥、残留农用薄膜等及含病毒、寄生虫卵物质如牲畜
粪便等将在地表径流的作用下污染土地、地下水及受纳水体等。

（2）分散性及隐蔽性。由于我国地域广博，乡村土地利用方式多样化且为分散
经营，所以无论是耕地还是林地、放牧用草地以及水产养殖用地等均存在面源污染
现象。同时，相较于城市而言，乡村环境容量较大，初期污染并不明显，而当其积
累至一定程度时，污染问题已非常严重。

（3）随机性及不确定性。乡村传统的耕作方式是根据经验及季节气候而操作的，
村民并没有测土配方施肥的环境保护意识，客观上导致了污染的随机性及不确定
性。

（4）不易监测性及空间异质性。由于上述三个特点的存在，导致了农业和乡村污染难监测，就是发生了污染，也很难确定明确的污染源。另外，乡村面源污染的空间异质性十分明显。

2. 乡村面源污染现状

（1）农药化肥的不合理使用。由于现阶段我国处于依靠农药、化肥来提高农作物产量的发展时期，据统计目前全国农药用量达 140 万吨，其中杀虫剂 70%，杀虫剂中有机磷农药占 70%，而有机磷农药中高毒品种占 70%。同时，很多农药、化肥中含有重金属，造成水源的严重污染，同时化肥的使用导致田力下降、土壤板结，肥效降低，反过来又促使施用量增加，造成恶性循环。

（2）畜禽养殖业的污染。我国畜禽养殖规模发展迅速，每年产生的畜禽类粪便约 27 亿吨，COD（化学耗氧量）产生量 6 900多万吨，是全国工业和城市 COD 排放量的 4 倍多，已经成为乡村主要污染源。而我国畜禽养殖废弃物综合利用和污染防治水平还很低，一些地区养殖规模远远超过环境容量，且种养分离现象严重，大量畜禽粪便无法就近还田，而是直接排到土壤、河道中。由于畜禽粪便中含有大量的有机物，因此未经过处理直接排入土壤、河道中对农作物的生长和水源的污染危害极大。

（3）农用薄膜的大量使用。我国农用薄膜使用面积已突破亿亩，年残留量高达 45 万吨。大部分农用薄膜不易分解，不但破坏了土壤结构，阻碍了作物根系对水的吸收和生长发育，降低了土壤肥力，造成地下水难以下渗，而且残膜在分解过程中析

出铅、锡、钛酸酯类化合物等有毒物质，造成新的土壤环境污染。

（二）乡村面源污染治理现状

1. 乡村面源污染防治的意识十分薄弱

由于乡村面源污染具有分散性、隐蔽性、随机性、不易监测、难以量化等特征，同时又与农业生产紧密结合，人们对乡村面源污染认识不足，特别是农业生产者没有防治意识，没有成为面源污染防治的主力军，致使面源污染持续发展。

2. 基础性科技工作严重不足

缺乏对乡村面源污染长期的基础性监测调查与研究，系统的基础数据不完善，导致有效的防控技术标准和措施无法制订，可选用的实用技术少，多数还是借用点源污染控制的工程技术，但以末端治理为主的工程技术难以达到综合治理的效果。

3. 政策法规体系不完善

以牺牲环境为代价的产业发展导向仍然存在，如对化肥的扶持政策抑制了有机肥市场的发展。因为农业生产的特殊性，环保法律法规执行力度不够，一些强制性、引导性技术标准和规范缺乏，村民掌握使用的技术规范更少。在政策层面支持农业废弃物资源化利用的优惠措施不明确。

4. 乡村环境治理投入严重不足

长期以来，环境保护实行"谁污染、谁治理"，环保投入的主体是业主，因而乡村面源污染防治投入很难落实。而政府有限的财政投入，也主要集中在城市和工业上，对乡村环保投入甚少。历史欠账多，落后的基础设施与日益加大的污染负荷

之间的矛盾日益突出，直接导致了乡村环境污染的加剧。

（三）乡村面源污染治理案例

1. 惠州市惠阳区秋长镇周田村

周田村总面积 11 千米 ^{2}，常住人口 3 000 人。该村以创建国家级生态村为出发点，加强环境保护，防治面源污染，生态环境质量显著提高。一是引导村民少施化肥农药，积极控制化学农药使用量，注意减少化学农药对水源地和生态环境的影响；提倡施用有机肥，增加农田土壤有机含量，严禁在境内新办无防范措施的养殖场。二是做好稻秆还田，以及沼液和其他有机肥循环利用，积极探索秸秆饲养畜禽、堆肥还田的方法，作物秸秆综合利用率达 97%。三是加强水坝、陂头水利设施的维护，增强农业生态系统抗灾能力，旱涝保收耕地面积比例达 80%，保持农业生态系统的持续稳定。

2. 佛山市高明区荷城街道塘南村

塘南村位于荷城街道庆洲社区，面积 6.5 千米 ^{2}，现有住户 808 户，共 3 121 人。近年，塘南村在环境保护方面的投入逐年加大，逐步完善各项环境基础设施。塘南村以发展农业为主，为切实加强生态环境保护，积极调整农业产业结构，将培育生态农业、实现农业的可持续发展作为生态立村的根本。

塘南村可耕作面积 6 500 亩，其中水稻约 1 000 亩，蔬菜约 1 300 亩，花卉约 700 亩，鱼塘约 3 500 亩。为保证农产品的卫生安全，塘南村在农药、化肥的使用上进行了严格的规定，努力减少农药污染、土壤大范围板结、有机质减少、土质酸性增强等生态条件恶化现象的发生，大力提倡有机种植，促进农业生态环境的保护，全力打造一个天蓝、地绿、水清的生态环境，人与自然和谐的国家级生态村。

3. 四川省巴中市巴州区行政村

四川省巴中市巴州区政府坚持"科学发展、合理规划、扎实推进"的原则，从完善机制体制入手，大力实施乡村面源污染防治工作，乡村生产生活条件明显改善，生态农业发展不断壮大。

一方面，巴州区大力实施畜禽养殖污染治理，畜牧业持续健康发展。按照"畜禽良种化、养殖设施化、生产规范化、防疫制度化、废物处理无害化和监管常态化"的要求，全面推进畜禽标准化养殖，大力实施畜禽养殖污染治理。到 2010 年，已实施规模化畜禽养殖场污染限期治理项目 4 个，建设沼气池等无害化处理设施 65 000 米³，畜禽标准化生产率达 40% 以上，畜禽养殖污染防治技术规程普及率达 90%，养殖场（户）污染

物处理面积达 100%，处理合格率达 85%；推广发展"猪—沼—果、猪—沼—菜、猪—沼—粮"等生态循环农业模式 4 000 多户，发展适度规模养殖场（户）1 481 个，各类畜禽养殖量达到 1 500 万头（只），实现产值 18.2 亿元。

另一方面，巴州区切实加强种植业面源污染控制，生态农业发展不断壮大。该区积极引导广大农民群众采用生态种植技术，全面推广测土配方施肥、使用低毒低残留农药及生物农药等先进生产技术，严格控制种植业面源污染，以无公害农产品、有机食品、绿色食品为重点的生态农业不断发展壮大。2010 年，推广配方施肥 60 万亩，占全区耕地总面积的 31.1%，低毒低残留农药使用比重明显增加。使用地膜 350 吨，回收利用约 200 吨，回收利用率达 57%；产生秸秆 50 万吨，综合利用率达 43%。无公害农产品、有机食品、绿色食品种植面积达到全区耕地面积的 7.7%，发展无公害商品蔬菜基地 5.5 万亩，发展经农业部认证的有机农产品 1 个、无公害农产品 4 个、绿色食品 6 个。

（四）乡村面源污染治理建议

1. 沼气资源化

利用厌氧发酵技术将生活垃圾、牲畜粪便、生活污水等通过微生物（主要是厌氧细菌）的降解作用转化为沼气，既在一定程度上遏制了乡村面源污染，同时又实现了废弃物资源化利用，切实保障乡村的生态环境安全。

2. 开展测土配方施肥用药，推广秸秆还田

大力推广测土配方施肥用药的科学耕作方式，遵循"有机肥为主、化肥为辅"及安全绿色用药制度，积极发展病虫害综合防治技术。同时，倡导秸秆还田综合利用技术，提高土壤有机质含量，开发无公害、绿色有机农产品。

3. 加大宣传教育力度，提高村民环保意识

通过地方各级环保职能管理部门及社会环保协会的宣传教育力量，向村民宣传普及可持续的科学发展观及环境保护意识，提高村民的生态及环保意识，从而为乡村面源污染防治奠定坚实的群众基础。

4. 加强质量监管，推进生态农业建设

强化政府智能监管，大力建设并完善农产品的质量监督管理体系，根据环境生态学理论，利用科学的耕作方式进行有机肥及豆科植物轮作，积极研发病虫害生物综合防治技术，尽量避免使用高环境风险的化肥及农药，倡导村民发展循环及生态农业。

乡村面源污染防治工作在我国启动时间较晚，任务艰巨，许多意识形态及政策问题亟待解决。环境治理的时间长，见效慢，但是需要一直坚持。政府的环保责任有待提高，村民的主动参与作用更需要加强，只有村民能够真正配合，乡村环境才能得到有效的改善，乡村的美丽田园才能真正披上环保的铁布衫。

第四章 乡村生态环境监察

© 甘露

　　城乡一体化建设综合经济、社会、文化、资源、环境等多方面工作，而生态环境监察是环境保护工作的重要组成部分，也是环境保护工作具体实施的关键环节，生态环境监察工作贯彻得彻底与否是环境保护工作能否正确落实的重要步骤，只有健全的环保规范和环保理论，以及先期生态环境监测等具体环保工作，加上强而有力的生态环境监察，环保工作才能稳固，只有把生态环境监察和其他环保工作有效地结合起来，才能把

环保工作落到实处。

在我国生态环境恶化的趋势尚未得到根本扭转，生态环境现状不容乐观的情况下如何有效改善生态环境问题，加强生态环境监察已成为美丽乡村建设的重要课题。

美丽乡村生态环境监察应从农业生产生态环境监察、乡村小城镇生态环境监察、畜禽养殖业生态环境监察3个主要方面进行。

一、农业生产生态环境监察

（一）农业生产生态环境污染

农业生产生态环境污染是指农业生产中化肥、农药、农用薄膜、饲料等使用不当，以及对农作物秸秆、畜禽粪尿、农村生活污水等农业废弃物处理不当或不及时而造成的污染。改革开放以来，虽然集约化的农业生产使我国农村农业经济取得了长足的进步，但随着各种农用化学品投入量的高速增长，引发的农业生产环境污染问题日益严重，引起严峻的环境问题，直接破坏了农业生态系统，对人类健康也构成了巨大威胁。

1. 农业生产生态环境污染的构成

（1）对水体的污染。过量施用氮肥及畜禽粪尿的大量直接排放，造成对地表水、地下水的污染，使湖泊、池塘、河流等水体富营养化，导致藻类生长过盛，水体缺氧，水生物死亡；农药、化肥中夹带重金属、有毒有机物尤其是使用后的残留高毒农药，通过各种渠道流入水体，引起水质污染。

（2）对土壤的污染。长期使用化肥，导致土壤板结，耕地质量下降，土壤肥力下降。农民为了维持农田生产能力，更加依赖于增施化肥，从而形成恶性循环。大量农药的使用也使有毒有害物质残留在土壤中造成污染，最终污染农产品。

（3）对大气的污染。过量施用氮肥在特定环境产生化学反应，产生氮氧化物，

是对全球气候变化产生重要影响的温室气体之一。焚烧秸秆的烟雾中含有大量有害物质，对空气造成直接污染。

（4）危害生物生存环境。化肥、农药的大量使用，导致生态环境不断恶化，致使很多有益生物如青蛙、蚯蚓等逐渐减少，农作物虫害也因天敌数量的减少而大面积发生，只有依靠农药来防治，从而形成恶性循环。

2. 农业生产生态环境污染的污染源

（1）畜禽粪便。目前的养殖业规模大，如果畜禽粪尿未加妥善处理，污水流入附近河渠、渗入土壤或者用作肥料时，不进行物理和生化处理便会引起土壤污染和水体污染。

（2）农药残留污染。农药的有效利用率一般为20%~30%，一部分飘浮在空气中或降落在地面，进入土壤，通过食物链传递导致农畜产品被污染。同时各种害虫抗药性的产生，用药量成倍增加，导致农业环境中大量天敌死亡，破坏了生态平衡。

（3）使用化肥引起污染。长期滥施、偏施化肥，导致土地质量下降，土壤酸化板结，养分供应不协调，降低土壤微生物数量和活性，也造成水质污染和水体富营养化。

（4）秸秆燃烧污染。农作物收获时节，大量秸秆不还田，也很少进行燃料和饲料开发，多数秸秆就地焚烧，既浪费宝贵的生物资源，也造成了严重的空气污染。再者有机肥使用减少，导致土壤结构退化。

（二）农业生产污染现状

我国人多地少，土壤资源的开发已接近极限，化肥、农药的使用成为提高土地产出水平的重要途径，加之化肥、农药使用量较大的蔬菜产业的迅猛发展，使我国已成为世界上使用化肥、农药数量最多的国家。

目前，我国化肥年使用量达 4 124 万吨，按播种面积计算为 400 千克／公顷，远远超过发达国家的安全上限。但是化肥的有效利用率却很低，据统计，氮肥平均利用率为 30%~35%，磷肥为 10%~20%，钾肥为 35%~50%。我国农药年均使用量达 50 万吨，其中约有 30% 被农作物吸收，70% 流入河流、土壤和农产品中，从而进入人类的食物链，同时使我国 933.3 万公顷耕地遭受了不同程度的污染。

（三）农业生产生态环境监察现状

农业生产场地与农民居住场所紧密相连，因此环境保护治理过程中必须把农业生产、农民生活、农村生态作为一个有机整体。其中，农业生产对农村生态环境的影响最大，必须认真对待。

（1）第一大环境问题是化肥的使用不当。

（2）农药是农业生产遭受病虫害时不能不用的药物。农药能够防治农业病虫害，调节植物生长，抑制杂草繁殖，但施用不当或长期大量使用农药，也会造成污染，影响生态系统的平衡，影响植物生长，并能通过食物链浓缩，最终危害人类。如有机氯农药具有神经性毒性，并对肝脏有影响；有机磷农药具有迟发性毒性：敌敌畏有明显的致癌作用，并具有遗传毒性，能导致畸胎，影响下一代。

（3）农用塑料薄膜是一种提高农产品产量的工业产品，它可以提高地温、保墒保水，还能使农产品上市时间提早，增加产品经济效益。据统计，有10%~20%的农用薄膜会残留在土壤里。如果是难降解的塑料薄膜，年复一年地积累，将会破坏土壤的结构，阻碍水分和空气的流通，甚至阻碍植物根系的生长。

（4）不科学的耕作方式是破坏农村生态环境的另一个重要原因。如果采用年复一年大面积种同一种作物，而且大量施用化肥、农药，大量使用农田地表，焚烧秸秆不使其还田，将造成农村的土壤板结、贫瘠，而且生物多样性消失或破坏。

农业生产的行政主管部门，应引导农民转变农业生产的模式，科学使用农药、化肥，有效地推广、鼓励施用农家肥，充分利用秸秆等有机生物质能，无污染地使用地膜和大棚，慎重引进外来农作物，在进行农业发展规划时充分注意保持生物多样性。

二、农村小城镇生态环境监察

（一）城乡三大产业的主要环境问题

我国三大产业是指：第一产业是指农业、林业、牧业、渔业；第二产业是指采矿业，制造业，电力、燃气及水的生产和供应业，建筑业；第三产业是指除第一、第二产业以外的其他行业。

虽然三大产业的环境污染问题一般不会像某些企业那样会对人体产生直接的伤害，引起急慢性中毒，但也会严重影响居民的正常生活，主要有以下几个方面：

1. 水污染

三大产业普遍存在水污染现象，沐浴业排水最多，污染最大。除规模较大的浴城经过环保审批和验收，有组合式化粪池等设施外，中、小浴室的洗浴污水基本未经任何治理直接排放。不少小型饭店、小吃店连最简单的隔油池也没有，清洗污水和屠宰污水直接排入下水道，造成下水道堵塞、污水横流的现象时有发生。

2. 大气污染

近几年烟控区建设的不断加强，中心城区和
新兴城市的酒店、浴室基本使用无烟煤和油气灶，
并接用管道蒸汽，但处在城郊接合部和农村的浴室
和饭店由于经济能力有限或受利益驱动，仍使用烟
煤，并无任何除尘装置，时常黑烟滚滚，影响周边居
民正常生活。

3. 油烟污染

调查表明，除大型酒店一般建有油烟净化装置外，中、小饭店对
油烟的处理普遍采用管道向高空排放或接入下水道，或采用换气扇直接向外排放，
造成环境污染。

4. 噪声污染

饮食服务业的换气扇、抽烟机以及歌舞厅的噪声问题约占三产行业举报投诉的
一半以上，这种经营场所往往非常靠近居民小区或直接建于居民区内，甚至就在底
层车库内，噪声污染严重影响了居民生活，为此群众举报不断。

（二）三大产业环境监督管理

针对目前服务业污染现状以及存在的问题，简单地处罚、禁止和限制并不是上
策，单靠某一部门的力量也难奏效。应从满足群众生活需要和履行政府公共管理职
能相结合的方向考虑。

1. 科学规划布局，体现环保理念

实施旧城改造和开发、规划和建设时要全盘考虑，商铺与住宅适度分离，合理
配置生活网点。

2. 坚持以人为本，改进审批程序

严格控制新污染源，政府相关职能部门可联合审批，坚持把"环保优先"落实
到决策、规划、审批等各个领域，严把项目环境准入关，凡不符合开业条件的一律

© 谭耀文

不予审批。推行三产服务业禁区公示制度，避免经营者盲目租房投资。实行三产服务业审批公告制度，在充分听取周围群众的意见后再审批。

3. 加强部门合作，提高监管水平

逐步从环保监管、城管执法或工商执法等单层次的工作模式向职能部门配合的多层次监管过渡，建立社会综合治理机制。对群众反映强烈、污染严重的三产行业进行定期联合执法，加大打击力度。

4. 加强对话，健全公众参与机制

在政府职能部门、业主和公众之间搭设沟通的桥梁，通过媒体宣传、对话、问卷调查、调查研讨等方式形成共识。也可组建环保志愿者和环保监督员队伍，通过向居民和三产业主进行宣传和引导，增强环保意识，从自己做起，做到爱护、保护环境。

（三）农村餐饮环境监察

随着经济的发展和人民生活水平的提高，促进了乡村旅游的发展，也带动了农村餐饮的迅猛发展，出现了大量的集餐饮、休闲、娱乐一体的"农家乐"，为环境监察提出了新的要求。农家乐发展要按照"科学

规划、完善设施、合理开发、规范管理"的原则，严格依照各地生态环境功能区规划、旅游发展规划、农家乐休闲旅游发展规划等要求，以区域环境承载力和环境功能区达标为前提，通过建立健全环境管理机制，优化农家乐区域布局，完善环保设施，控制区域污染排放总量等措施，切实加强对农家乐环境监管和环保措施的完善，不断提升农家乐的发展水平，实现农家乐的可持续发展。农家乐环境监察要点：

（1）农家乐区域布局是否合理。在饮用水水源保护区等地依法禁止新建、扩建农家乐项目，在限制准入区严格控制农家乐的数量和规模。

（2）新建、扩建、改建农家乐项目是否严格执行环境影响评价和建设项目"三同时"制度。

（3）规模农家乐项目是否取得排污许可证。对现有尚未通过环保审批、验收或取得排污许可证的，应在落实污染防治措施、完成限期治理任务及相关环保要求的前提下，依法补办相关审批和验收手续。

（4）污染设施运行情况监察。督促规模农家乐经营单位遵守建设项目环境保护管理规定，落实污染治理措施，实现达标排放。督促非规模农家乐集聚村，根据排污总量落实好处理措施。

三、畜禽养殖业生态环境监察

（一）畜禽养殖业现状

1. 我国畜禽存栏情况

我国畜禽以家禽、猪、羊、兔、牛为主。从绝对数量上来看，我国家禽的数量最多，占畜禽总量的82.96%；在大牲畜中，以牛的数量为最多；除家禽及大牲畜外，我国以猪、羊、兔的养殖为主，3种牲畜的数量占我国畜禽总量的15.11%。

2. 畜禽养殖业的产排污情况

（1）污水的产生与排放。养殖场产生的污水量及其水质因畜种、养殖场性质、饲养管理工艺、气候、季节等情况不同会有很大差别。如肉牛场污水量比奶牛场少；鸡场的污水量比猪场少；各种情况相同的养殖场，南方的污水比北方的污水量大；同一牧场夏季比冬季污水量大等。采用水冲或水泡粪工艺比干清粪工艺的污水量大且有机浓度高；鸡场污水含磷量较高；猪场污水含铜、铁量较高等。畜禽粪便的排泄量以及畜禽养殖业排放的废水量，由于受到饲养方式、管理水平、畜舍结构、漏粪地板的形式和清粪方式等的不同而差异较大。

（2）粪便的产生与排放。畜禽粪尿排泄量，因畜种、养殖场性质、饲养管理工艺、气候、季节等情况的不同，会有很大差别。例如，牛粪尿排泄量明显高于其他畜禽粪尿排泄量；禽类粪尿混合排出，故其总氮较其他家畜为高；夏季饮水量增加，禽粪的含水率会显著提高等。

（3）臭气的产生与排放。畜禽养殖场除具有固体粪便和污水污染之外，其场内的空气污染也不容忽视。畜禽舍散发的臭气主要来自含蛋白质废弃物的厌氧分解，这些废弃物包括畜禽粪尿、皮肤、毛、饲料和垫料，而大部分臭气是由粪尿厌氧分解产生。

（二）监管存在的主要问题及对策

1. 存在的主要问题

（1）认识不高，标准不一。各地环保工作的重点多数仍放在工业污染防治上，对畜禽养殖业环境污染问题认识不到位。同时，畜禽养殖业的环境管理涉及环保、农业等多个部门，标准不统一或缺乏标准等问题突出。如目前尚未制订养殖业废弃物综合利用的相关标准、监督性监测的相关规范以及养殖企业排污费征收的具体规定。

（2）底数不清，纳入监管比例较低。农业与环保部门畜禽养殖业的统计数据相差甚大，大部分省、市的农业与环保部门统计的规模化畜禽养殖场数字相差几倍，甚至几十倍。另外，地区间监管力度差异较大，广东、浙江、福建、河南等省相关工作起步较早，环境监管力度明显强于其他省市。

（3）行业环境管理水平低，环境违法现象较为普遍。在执法检查中发现，纳入监管范围的规模化畜禽养殖场环评执行率不到20％，"三同时"制度执行率不到10％，未纳入监管范围的养殖场基本没有执行环评和"三同时"制度。尽管规模较大的养殖场基本建有治污设施，但达标率低于30％。90％以上的中小型养殖场没有治污设施，废水直接排放，污染农村环境。

2. 对策措施

（1）完善法律法规，制订统一标准。

（2）编制规划，合理布局，优化行业发展。

（3）分类指导，改变"一刀切"的污染治理模式。

（4）建管并举，加大政策支持和资金投入力度。

（5）加大投入，提高环境监管能力。

（三）畜禽养殖业环境监察的内容和要点

将规模化畜禽养殖场和集约化水产养殖场作为一个污染点源，重点监察场址合理性、环评及"三同时"制度执行情况、试生产管理及运行情况、竣工环保验收和整改情况、污水和恶臭处理和排放情况、企业环境管理制度建设情况、基本环境管理制度执行情况等。

1. 养殖场基本情况

畜禽养殖场名称、地理位置、法定代表人、组织机构代码、养殖种类及养殖规模等。

2. 场址合理性监察

监察是否位于政府依法划定的禁养区，是否位于环境敏感区，是否符合已审批的环评文件规定。

第五章　乡村生态文明建设

众所周知，中国是世界上唯一的文化传统不曾中断的文明古国，也是世界上农业起源最早的国家之一。中华文明源自农耕，农业文明在博大精深的中华文明体系中占据核心地位，对中华民族的生存方式、价值观念和文化传统都产生了极其深刻的影响。在漫漫的历史长河中，农业文明不仅为中华民族的繁衍生息提供了丰富多样的衣食产品，也为中华文化的发展提供了色彩缤纷的精神资源。重视农业文明的发扬和光大，将有助于国家软实力的提升、创新和发展，可以更好地加强文化建设，更好地构建社会主义核心价值体系。

农业文明是现代文明、城市文明的根基，是中华民族的文化根脉和精神家园。在现代化建设飞速发展的当代社会，工业化、城镇化对传统文化造成的冲击有目共睹，信仰缺失、文化沙漠让现代人不知乡归何处，找寻不到"幸福感"。

美丽乡村是一个完整的概念，意义深刻，内涵丰富。加大融合力度、提升创新平台、发展各种产业，谓之"生产美"；布局规划合理、基础设施完善、人与环境和谐，谓之"环境美"；

物质生活宽裕、社会保障有力、邻里亲朋和谐，谓之"生活美"；乡土文化传承、乡风民风淳朴、悉同自然和谐，谓之"人文美"。其中"生产美"是美丽乡村的前提，"生活美"是美丽乡村的目的，"环境美"是美丽乡村的特征，"人文美"是美丽乡村的灵魂。所有这些，可以归结为一句话，那就是生产、生活与生态"三生和谐"。

建设美丽乡村，意识文化先行。大力推进集乡土文化气息、休闲、娱乐、健身及观光旅游等于一体的乡村公园建设工作，打造风情各异的乡村生态文明，保障村民生产、生活的人文需求及生态需求，提升村民的"归属感"及"幸福感"，树立乡村环境、资源、经济、文化四位一体的生态文明理念，为城乡一体化发展夯实群众基础。

乡村公园是一种具有乡村田园特色的新型公园形态，景观颇具美感，把郊野田园生态化，将农耕文化更艺术地呈现出来，同时融入休闲化和娱乐化的元素。这种以农业和乡村文化影响都市生活的休闲农业发展模式，也是现代农业发展的一部分，在带领农业发展、增加农村收入上找到了新方向。

一、乡村公园的内涵

　　乡村公园的建造是新农村建设发展的产物，也是乡村居民物质生活条件得到一定改善与提高后，在精神与文化层次上的进一步追求。庄晨辉在《乡村公园》一书中对乡村公园下了定义，认为乡村公园是指利用乡村集体所有土地为基地，采用社会化运作，以村民私有投资、多渠道集资为主建设，并由乡村自主经营、管理和维护，为村民提供休憩、康体、文娱、观光、民俗、纪念、朝圣等活动功能的自然化和人工化的生活境域和绿地形式。从城市规划专业的角度来看，乡村是相对于城市化地区而言，是指城市建成区以外的人类聚居地，是一个空间的地域范围。乡村公园在地域分布上，有别于城市公园，是建造在乡村土地上的；在服务对象上，有别于农业观光园，是服务于当地乡村居民的（表3）。

表3　公园特征分析

类型	地域分布	面积	主要服务对象	主要功能
乡村公园	乡村	小	当地乡村居民	游憩
城市公园	城市	大	城市居民	游憩、生态
社区公园	城市	较大	社区内部居民	游憩
农业观光园	乡村	大	外地游客	游憩、生态

二、乡村公园建设现状

近年来，各地纷纷开展乡村公园建设，但在乡村公园的建设过程中，出现了一系列亟待解决的问题。

（一）决策层面

随着城乡一体化建设，乡村发展过程中出现了一些建设性破坏的现象，乡村公园的建设也不例外。个别乡村建设破坏了原本的生态环境，乡村公园的建设效仿城市公园或广场，开辟大绿地、建设大广场、挖湖堆山，耗费了资金，也缺乏乡村特色。

（二）资金层面

尽管部分乡村经济比较发达，可以投入大量的资金来建设乡村公园，但是对于大部分的乡村来说，能用于建设公园的资金还是相当有限的。多数资金的来源是通过民间集资、个人投资及政府出资等多渠道来筹集。因此，对村民来说在资金有限的乡村

公园建设中，邀请专门的景观设计公司、设计人员来对公园进行设计，并支付较高的设计费是很难接受的事实。很多乡村公园是由居民自行建造的，随意性较大，缺少整体的规划设计。

（三）设计层面

国内乡村公园建设的历史较短，景观设计师也只有在近几年开始做乡村公园的设计项目，相关的实践经验较少，且现有的公园设计相关规范与标准也主要是针对城市地区而言。在进行乡村公园的设计中，设计人员往往会忽视乡村特有的景观环境，将使用于城市公园的设计规范、设计手法生搬硬套到乡村公园的设计中去。同时在设计中缺乏对乡村居民生活模式、行为心理的充分研究，导致建成的部分乡村公园出现设计雷同的现象，布局相似、内容相仿，缺乏乡村特质。

（四）管理层面

目前，乡村对公园管理费用的投入能力有限，乡村公园没有相应的管理部门与专业管理人员，对于公园后续的管理与养护这方面相对薄弱，加上村民的文明程度有限，在实际的管理工作中存在缺陷，如草坪踩踏露土、园林小品受污染或破坏等现象。

三、乡村公园建设策略

（一）坚持节约原则

在近几年的新农村建设中，出现了大拆大建的现象，不仅破坏了乡村的肌理与文化特征，生态环境也日渐退化，乡村公园的建设必须引以为戒。城市公园是在人工环境中创造第二自然环境，满足市民在钢筋混凝土城市中追求回归自然的需求，在满足市民游憩功能之外，也具有调节周边小气候，改善周边生态环境的作用。而乡村公园是以广大乡村地区的农田、山水、森林植被等自然条件为基础，在自然环境中开辟人工环境，为乡村居民创造公共活动空间，满足居民游憩、休闲、健身的需求。因此，乡村公园的建设要立足于自身的条件，而不应追求面积之大、绿化之多。结合各个乡村现行的村镇规划，节约利用土地，积极利用乡村居民点附近的废弃地、闲置地等场所，在乡村居民点附近开辟场地，以小型、易达、实用为原则，为居民提供公共活动的空间，以建设集约型乡村公园为宗旨。

（二）展现乡村生活

乡村公园是在乡村建设发展中随着当地居民生活条件的不断提高，为满足乡村居民生活的需要而建设的，服务对象是定居于乡村的当地居民，因此必须与当地的自然和土地、当地居民的生活方式相适应。

此外，乡村公园除了营造良好的景观，还应体现乡村生活和乡村文化的气息。在规划设计过程中，设计人员应融入乡村居民中体验居民的生活模式，并在设计中反映其真实的生活状态。创造一种既延续传统乡村生活，又体现现代乡村生活模式的新景观，从而改善人类聚居环境，促进和保持乡村的可持续发展。

（三）利用乡土元素

不同地域都有其特殊的自然景观和地方文化，从而形成特色各异的乡村景观。

乡村公园是展现乡土景观的重要窗口，在乡村公园的建设过程中，利用乡土元素，不仅可以节约建造成本，而且可以展现乡村景观的特殊性，体现当地的文化内涵，提升乡村景观环境的吸引力。农田、大树、荷塘、森林植被等是乡村景观的固有特征，且不同地域有着各自鲜明的地域特征。在规划设计中，首先应结合地块的具体现状，感受场地的原有气质，理解与尊重场地的特征，采取对土地的最少干预原则，对场地进行梳理。其次，在设计中，多运用当地的石材、植物等乡土元素来塑造景观，建设具有乡土特色的、质朴的乡村公园。

（四）鼓励村民参与

随着经济的发展和生活水平的提高，乡村居民对其居住环境有着求新、求变的心理需求。但是受到当前城市居住标准、

价值观以及现有城市公园形式等影响，再加上缺乏对乡村景观及生态环境保护的正确观念，在乡村公园建设中，一味地向城市看齐，而忽视了乡村景观的特质，也造成了传统乡村文化的消逝。在以自然环境为基础的乡村，提升居民对乡村景观价值的认识度，是建设好乡村公园的一个必要条件。乡村居民是乡村公园服务的主要对象，规划设计过程中应广泛听取公众的要求和愿望，充分调动农民主体的积极性，主动参与到乡村公园的建设中来，建设能满足居民长期需求的，提升居民生活质量的乡村公园。

四、乡村公园建设案例

1. 浙江省滕头村

浙江第一村滕头村，地处奉化市城北，距国家级风景名胜区溪口仅 12 千米。滕头村是一个欣欣向荣的社会主义新农村。曾荣获"全球生态 500 佳""全国文明村"等称号。20 世纪 90 年代以来，滕头村发挥自身优势，发展以建筑、房地产、园林绿化、旅游和观光农业为重点的第三产业。先后投资数百万元开发生态旅游和农业观光，相继开发建成了将军林、院士林、柑橘观赏林、婚育新风园、盆景园、江南风情园、绿色长廊等 20 多处旅游景观，并于 2001 年 1 月被国家旅游局评为首批"国家 AAAA 级旅游区"，走上了一条以"游"养生态，以生态促"游"的可持续发展之路。既要金山银山，更要绿水青山。长期以来，滕头村在发展经济的同时，始终把生态环境的建设和保护放在突出位置，已累计投入 1 000 多万元用于改良农业生态环境、美化绿化村容村貌。早在 20 世纪 70 年代末，滕头村就启动了改造旧村、整治环境、建设新村的浩大工程，实现了"工业区、文教商业区和村民住宅区"的功能区分。90 年代初，滕头村率先成立了全省唯一的村级"环保委员会"，对引进的工业项目实施环保一票否决制。1998 年开始，滕头村着手兴建面积达 200~400 米^2 的小康别墅楼，不仅使人均居住面积达到 80 米^2，还节省土地

32 亩，实施了"蓝天、碧水、绿色"三大工程，拆除农家柴灶，统一改用液化气，实现农居无烟村，对污水、废水实行无动力达标排放，全村逐步形成了绿树成荫、花果相间、百鸟合鸣、四季花香的自然美景。2001 年，滕头村通过了 ISO14000 国际环境管理体系认证，村民生活乐悠悠。在经济发展的基础上，滕头村重视抓好精神文明建设。1993 年，滕头村建成了滕头公园，在 5 000 多亩的土地上建成了干净的湖泊、碧绿的草坪、曲径通幽的亭台楼阁、精致的盆景和小桥，湖水清澈见底，鱼儿畅游，天空飞鸟盘旋，美不胜收。近年来，村里先后投资兴建了村史展览馆、多功能文化中心、图书馆、老年活动室、农民音乐广场等科教设施，成立了科普协会、体育协会、老年协会、青年科技协会等群众性组织，使年龄不一、兴趣各异的群众找到了业余生活的归宿。

© 巫国明

© 巫国明

2. 广州市增城区正果镇

正果镇结合自身实际，以推动城乡一体化发展为目标，大力实施美丽乡村建设。该镇何屋村是广州东北部与惠州龙门县接壤的一个行政村，增江自村边蜿蜒而过，形成了独特的"增江第一湾"美景，村内山清水秀，风景如画，何仙姑祠、务本堂等岭南特色古宗祠保留较完整，旅游资源丰富。正果镇以何屋村为试点，按照统一规划、节约集约用地的总体思路，将该村划分为农民集中居住区、耕作区、琵琶洲生态旅游区、旅游服务产业区、游客体验配套区等五大功能区，同时以山泉水厂投入运营和聚龙庄建设两大龙头工程建设为主，配套建设农村基础设施和公共服务设施，积极开展沿线、沿路环境综合整治，大力发展生态经济，不断优化农村人居环境，完善各功能区，把何屋村建设成宜居、宜业、宜游的美丽乡村，并以点带面全面铺开全镇美丽乡村的建设工作。

第六章 乡村环境治理展望

© 巫国明

一、乡村环境展望

近年来，党中央高度重视环境问题，尤其把乡村环境治理与保护摆到重要位置，具有重大的现实意义。我国国民经济和社会发展过程中积累了资源过度消耗、环境约束加剧、乡村环境"脏乱差"现象严峻、农业面源污染不断扩大等环境问题，制约着乡村经济、社会和环境的协调发展。而"十三五"时期是补齐"短板"的大好机遇期，必须加大环境治理力度，着力改善乡村环境质量。

《国家环境保护"十三五"规划基本思路》提出我国环境保护的总体目标为："让全国老百姓更早、更多、更好地呼吸上新鲜的空气、喝上干净的水、吃上放心的食物，在优良美好的环境中生活，让蓝天常在、青山常在、绿水常在，让碧水、蓝天、净土成为伟大复兴'中国梦'的重要元素。"而针对乡村环境及生态则要求："加大环境治理力度，坚持城乡环境治理并重，加大农业面源污染防治力度，统筹农村饮水安全、改水改厕、垃圾处理，推进种养业废弃物资源化利用、无害化处置的目标”，从根本上解决对村民造成极大危害的环境问题。

（一）清洁意识

加强村民的环保教育，树立美丽乡村建设新理念。制约乡村环境治理的主要因素是：群众的思想观念转变不够，文化素质低，卫生意识差，传统陋习和落后观念影响着生产生活习惯和行为。因此，我们必须提高村民的清洁意识，改变观念。一是加大宣传力度。政府应高度重视环境治理工作，努力做好宣传工作，通过新闻媒体、展板、宣传标语等形式，广泛宣传乡村环境污染整治问题，让农民群众明白他们是垃圾的生产者、也是环境污染的受害者，更是环境治理的受益者，一定要从思想上认识到环境治理的迫切性，从而转变传统、落后的观念，倡导健康、文明、环保的生活理念。二是广泛开展群众参与环境治理实践活动。良好的乡村环境为全体民众共享，需要全体民众共同参与和努力。乡村环境治理常态化的关键在于抓"早"抓"小"，因此加强学校环境建设教育，开设与环境建设的相关课程，利用实践课让学生参加社会公益环境治理活动，从"早"加强对青少年环保意识的培养，从"小"树立起正确的环保观念。对于广大农民可以利用各种节假日，开展环境治理现场交流会、典型观摩会、评比颁奖会等，营造环境治理氛围，增强农民保护环境的责任意识，激发群众参与环境治理的内动力，自觉地把环境治理从一种理念转变为自觉行为，最终推动美丽乡村建设取得显著成效。三是建立"以奖促治"的奖励政策。定期组织村民参加环境整治总结评比活动，对不达标农户要公开信息，并提出整改要求，争取下次评比中力争达标。对治理效果明显的乡镇、村、农户更要在信息栏中公开表扬，并给予物质上的奖励，起示范带动作用，以典型的力量引导大家养成良好的生产、生活习惯，自觉抵制不文明行为，共同维护乡村环境卫生，使环境治理工作日常化、制度化，达到"以奖促治"效应。

（二）清洁资源

乡村环境资源是人类生存环境的一个重要组成部分。环境资源，一类是作为乡

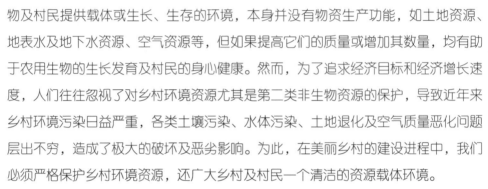

村农业生产经营对象的生物资源，如森林资源、作物资源、野生及家养动、植物资源等，通过生长和发育，可周而复始地完成生物的繁衍和更新，提供生物产品满足乡村及城市的需要。只要根据这些资源的特点，合理开发利用，就能实现资源的可持续利用；另一类则是为乡村农用生物及村民提供载体或生长、生存的环境，本身并没有物资生产功能，如土地资源、地表水及地下水资源、空气资源等，但如果提高它们的质量或增加其数量，均有助于农用生物的生长发育及村民的身心健康。然而，为了追求经济目标和经济增长速度，人们往往忽视了对乡村环境资源尤其是第二类非生物资源的保护，导致近年来乡村环境污染日益严重，各类土壤污染、水体污染、土地退化及空气质量恶化问题层出不穷，造成了极大的破坏及恶劣影响。为此，在美丽乡村的建设进程中，我们必须严格保护乡村环境资源，还广大乡村及村民一个清洁的资源载体环境。

一是在上述"清洁意识"的导向下，贯彻"预防为主、保护优先、防治结合、综合治理"的原则，坚定执行我国有关乡村环境资源保护的法律法规。如在综合性的立法方面，制定了《农业法》，对农业资源与乡村环境保护进行了专门规定，制定了《中华人民共和国环境保护法》，对乡村环境资源的保护进行了明确规定。在具体、专项的立法方面，制定了《土地管理法》《土地管理法实施条例》及《基本农田保护条例》等有关保护和合理利用土地资源的法规；制定了《水土保持法》《水土保持条例》《水污染防治法》《地表水环境质量标准》《地下水环境质量标准》以及《农田灌溉水质标准》等有关防治水土流失、水体污染及水质标准的法规；制定了《中华人民共和国大气污染防治法》《大气污染物综合排放标准》以及《环境空气质量标准》等有关废气排放及空气质量标准的法规；制定了《水法》《防洪法》等有关农业生产安全的法规；制定了《工业企业厂界环境噪声排放标准》《建筑施工场界环境噪声排放标准》及《社会生活环境噪声排放标准》等。严格遵循上述法律法规的条例，对我国乡村环境资源的保护起到非常重要的保驾护航作用。

二是多方筹集环保资金，强化环保技术支持。面对乡村经济建设和环境保护中出现的资金和技术瓶颈问题，各级政府和环境保护主管部门要多层次、多形式、全方位筹集资金，充分发挥中央政府投入的引导作用，形成国家投一点、地方筹一点、社会捐一点、部门帮扶一点、项目资金赞助一点的多渠道筹资机制，并从有限的村财政和乡财政中固定拨出部分资金设立污染防治、生态保护专项基金，不断完善乡村经济建设资金管理办法，加强资金使用监督。另外，科学技术对解决乡村环境保护工作中出现的各种问题起着决定性的作用，政府及有关部门应积极支持大专院校、科研院所在乡村环境保护领域的研究工作，加大科技投入力度，为科研人员解决乡村经济建设中的环保难题创造条件；要加快培养环境工程设计和施工专业人员；开展环境保护与恢复新技术应用的研究，对乡村经济发展可能造成的生态破坏研究制订有针对性的预防、保护和恢复技术措施；创造条件积极推广环保新技术。

（三）清洁家园

随着农业产业的转型升级及乡村经济发展，乡村人口对于清洁能源的获取和

消费也有了更高的要求，但使用传统设备，需要消耗大量煤炭、电力等资源，污染较为严重。因此，国内较早就开始研究乡村生态住宅，如北京、哈尔滨等地，积极利用太阳能和沼气等清洁能源进行节能设计，建成多处试点，形成了多处节能示范，改善了乡村住宅的生活品质，清洁家园建设成果显著。

如北京地区玻璃台村清洁生态家园的建设，结合了当地的乡土文化并保持了传统风貌，通过结合山势地形，整治废弃河道，引入水渠等措施，营造了丰富的景观环境，同时在复建的基础上保持了原有街道布局和邻里关系，充分尊重了民意并通过利用新技术、新能源，提高了村民的生活品质。一是该家园住宅采用乡村传统的院落式布局，有 150 米^2 和 200 米^2 两种户型可供村民选择，室外空间分为小院和杂物院，室内空间分为居住、辅助、接待三部分，满足了村民生活、生产和经营需求。平面布局中，主要居住空间位于南侧，辅助空间位于北侧或西侧，可作为缓冲层，减少热量损失。二是在建筑材料上也有节能体现，采用烧结多孔页岩砖，相比传统实心黏土砖具有节材、节能、节地的特点，其施工方法与黏土砖相同，生产技术上也较适合乡村。建筑材料也注重就地取材，利用当地石材当作庭院地面铺装和平台栏杆的装饰。住宅整体为砖混结构，外墙体保温采用 240 毫米砖墙、60 毫米保温板，与传统农宅不带保温的砖墙相比，节能省地。三是在能源获取上，水和电均由市政供给。污水和粪便统一收集处理，达标后再排放，这与乡村路边堆存的方式相比，更加卫生环保。供暖上已不再使用传统的煤炭等资源，而是利用太阳能技术，屋顶铺设太阳能集热管，一方面用于加热生活用水，另一方面通过泵将热水压入地面中的盘管，向外辐射供暖。当遇到阴天时，收集秸秆等废弃物用于生物质气化炉或通过木柴的燃烧将火炕加热等形式作为额外热源。不难看出，国内清洁生态家园较之传统农宅在节能、绿色环保方面有了很大的改观。

二、乡村可持续发展规划

美丽乡村建设是一项系统的工程，需保证乡村环境、经济、资源及民生和谐，在其建设进程中既要使乡村产业蓬勃发展、村民生活舒适，又要维持并持续改进乡村环境及生态。传统的乡村分散布局及"靠天"农业经济难以匹配现代化美丽乡村建设及村民生活愿景。如何确保在培育乡村良好生态品质的前提下，发展乡村生产经济，建设乡村新社区，实现环境及经济良性并行共进，需要政府、社会及村民协同一致、共同奋斗，综合考虑生态、资源、能源、经济、文化等众多要素，开辟一条适合乡村实情的可持续发展之路。

（一）环境治理，规划先行

乡村环境治理工作取得实效的重要前提和基础是科学的村庄规划，规划不合理、不科学，将会影响乡村的后续建设和可持续发展。合理的乡村规划应该注意以下几点：一是高度重视美丽乡村规划工作。要围绕美丽乡村建设的目标做到科学合理地规划，从环保的角度对村落建设做一个整体规划，重点是产业发展、基础设施配套建设、村容村貌整治等方面，按照和谐、统一、美观的要求，做到高标准规划，高起点建设，高质量达标，打破重视城市环境、轻视乡村环境的规划格局，逐步实现城乡环境权益均等化。二是规划要结合实际和村民生产、生活的需要。村庄规划有别于城市规划，要注重乡村实际及当地农民群众发展养殖、堆放柴草及农机具等生产、生活实际，美丽乡村建设更要注重体现地方特色和人文特色，规划要有

前瞻性，做到科学又实用，合理又美观。三是重点加强公路沿线综合整治。重点集中整治铁路、公路沿线镇容村貌，拆除有碍审美的广告和招牌，拆除简易旱厕、废弃牲畜圈和临时搭建的废弃建筑物，迁移拴养牲畜和柴草堆，清除路边堆放的杂物等。四是加强乡村绿化、美化工程。引导和鼓励村民植树种草搞绿化，不仅增加经济收入，同时可美化人居环境、保持一方水土、减少面源污染、扩大绿化面积及提高绿化效率，而且还可以培养村民的审美品位。最终实现以草养草、以林养林、以山养山、以水养水、以植物养动物的效果。围绕传统林业转型升级，在积极扩大森林面积、增加森林覆盖面的同时，发展生态林业和民生林业，努力实现"山是绿的、水是清的、天是蓝的"美丽乡村清洁家园愿望。

（二）变"废"为"宝"，资源再生

根据"3R"（降低、再生、再循环）理念变"废"为"宝"，处理、处置乡村固体废弃物，实现资源再生利用是乡村环境可持续发展的必要途径。生活固体废物首先分类，如垃圾收集可分为可燃、不可燃、塑料、玻璃瓶、易拉罐、纸张、旧衣物等等，根据不同性质分别选择利用方式。将秸秆、粪便等乡村固体废弃物转化为生物质能是处理固体废弃物的主要途径。

1. 农作物秸秆资源化

一是利用秸秆和畜禽粪便生产沼气、堆肥沼气发电；二是利用秸秆为燃料发电；三是利用秸秆热解生产木焦油、木醋液；四是利用秸秆生产代木制品，如人造板材、人造加工型材、人造一次成型器材等；五是利用秸秆生产工业酒精；六是利用秸秆牲畜过腹、秸秆还田等。

2. 有机固体废弃物、畜禽粪便资源化

农业废弃物中含有大量有机质、氮、磷等植物生长所需营养，应大力推进秸秆与畜禽粪便厌氧生物转化技术的研究，利用有机肥和有机无机复合肥制备技术，能生产优质有机肥和商品化有机复合肥。采用沼气发酵技术对废弃物进行处理，产生沼气和沼肥，合理地循环利用物质和能量，还可以解决燃料、肥料、饲料需求，节

约大量的生产成本。

3. 生活垃圾资源化

生活垃圾的常规处理方式为填埋，而将其资源化处理则可考虑以垃圾填埋场为基础整治重建生态主题公园，并通过一定措施使得该生态公园青山绿水、碧水环绕、鸟语花香、宜景宜居。其主要做法是垃圾分类处理，玻璃、塑料等回收再生利用；利用生物技术处理生活垃圾；利用垃圾产生沼气用于发电；环保设计使垃圾"脱胎换骨"，旧轮胎、易拉罐、玻璃瓶等再生制作家具及装饰品；垃圾填埋场的建设费用来源于政府拨付，沼气生产、废物利用等收益。

一人难挑千斤担，众人能移万座山。美丽乡村建设的系统工程，需要"你"，需要"我"，也需要"他"。在政府的组织引导下，亿万村民有志一同，坚持生态环境与乡村经济的协同发展，坚持"规划科学布局美、村容整洁环境美、创业增收生活美、乡风文明身心美"，坚持环境治理及保护，定能实现"中国梦"之美丽乡村建设。

参 考 文 献

程水源，2010. 城乡一体化发展的理论与实践［M］. 北京：中国农业出版社，53-55.

范彬，2009. 美国乡村污水管理经验与启示［J］. 水工业市场，10：11-12.

韩群，李孟涛，2014. 浅析我国农村生活垃圾处理现状及解决对策［J］. 科技向导，21：105-108.

李倩，王瑞玲，2014. 探讨中国农村面源污染的环境影响及其控制对策［J］. 资源节约与环保，3：53-56.

李一，2012. 从打造美丽乡村到实现和谐发展［M］. 杭州：浙江教育出版社，188-192.

倪楠，2014. 对城乡发展一体化的认识和思考［J］. 知识经济，（14）：86-87.

唐珂，2013. 美丽乡村——亿万农民的中国梦［M］. 北京：中国环境出版社，35-37.

王丹，2014. 农村面源污染的治理与保护［J］. 节能环保，4：32-34.

汪林安，2014. 美丽乡村建设中的大气污染与应对措施［J］. 资源节约与环保，1：76-77.

晏萍，曾慧剑，2014. 农村生活污水治理现状与对策研究［J］. 广东化工，41（18）：28-29.

张晋梁，高巍，2014. "自维持住宅"对国内农村生态住宅的启示［J］. 华中建筑，10：51-52.